世界尚未解开的1001个宇宙之谜

总策划／邢涛　主编／龚勋

汕頭大學出版社

推荐序
Tui jian xu

在破解世界的秘密中 爱上世界的丰富多彩！

童年就像一个五彩斑斓的神奇魔盒，打开盒盖，里面会冒出许许多多的问号。“宇宙是如何产生的”、“海水会不会越来越咸”、“植物为什么会向上生长”……这些大人也难解的谜团同样吸引着孩子们的好奇目光。现成的完美答案固然能使他们直接获得生活常识或科学知识，但更多没有确切答案的未解之谜却更能激发孩子对神奇事物的好奇之心。人类无数伟大的发明、发现正源自于对某一现象未知原因的质疑和不懈探索。这种由好奇开始的探索未知的意识对儿童来说尤其宝贵，是最能激发想象力与创造力的思维源泉，将提供给他们学习知识，认识世界的强大动力。

本套“等待你去破解的世界未解之谜”专门为小读者精心准备。书中展示了一个个不可思议的神秘世界，让人充分感受到我们所生活的世界，奥秘无处不在，神奇无时不有。然而，这些连科学家也给不出确切答案的未解之谜对人类而言更具有新鲜感和挑战性，也更能帮助我们的孩子在探索中成长。同时，书中各类与未解之谜相关的科学及人文知识的融入，使小读者在阅读过程中开阔了认知视野，丰富了知识储备，调动了探索未知的积极性。

正因为无数尚未破解的世界之谜的存在，世界才显得更精彩，未来才充满了期待。遨游未知世界的体验将使孩子们探询、求索的天性得到释放，在发出疑问、寻找答案的过程中渐渐长大，踏上属于他们的智慧人生。

世界儿童基金会 林春雷

审定序

Shen ding xu

让好奇心与求知欲 得到最大限度的调动！

世界著名生理学家巴甫洛夫认为："人类的求知欲创造科学，因而我们得以极高度地、无限度地理解周围世界。"这种求知欲自孩子出生起就已显现出来。而与求知欲紧密相联的便是儿童的兴趣，兴趣所至才有探索、学习和研究。因此想要保障孩子的早期智力发育，就要在获取知识方面吸引他们的注意力。这套"等待你去破解的世界未解之谜"即从孩子的兴趣点出发，牢牢抓住了他们的求知之心，充分调动了他们认识世界的积极性，为他们扬起了远航知识海洋的风帆。

这套书读者定位明确，即以具备了一定认知能力的儿童为阅读对象，将涉及宇宙、自然、历史、军事、艺术等领域充满知识性和趣味性的未解之谜一一展现出来。可以说每一个主题都是编撰者们根据儿童心智发展的规律，收集、分析了大量宝贵的资料后甄别筛选出来的，是通过科学的视角、生动的语言将种种神秘莫测的自然之谜、人类疑团呈现在孩子面前的。同时，本书文字还加注了汉语拼音，可以培养孩子们独立阅读的习惯，进而提高他们自主思考的能力。

孩子眼中的世界是多彩而神奇的，他们用探寻的目光打量着周遭事物，什么都想一探究竟。就让孩子们从这里眺望未知，以梦想和智慧作翅膀，飞向无限宽广的世界中去。

中国儿童教育研究所 陈勉

前言

Qian Yan

儿童对身边的万事万物都充满了好奇心，他们不仅对传统的历史文化和先进的科学技术有着浓厚的兴趣，而且也对世界上许许多多的未解之谜充满了好奇。近年来，随着科学技术的发展，各类科学读物和科幻电影逐渐进入儿童的视野，越来越多的小读者开始把目光投向遥远的宇宙空间，他们爱读宇宙知识方面的书，也喜欢讨论宇宙中的各种奇怪现象。阅读本书，小朋友们会强烈感受到，尽管现在人类在太空探索领域已经取得了很大成就，但相对于浩瀚无边的宇宙来说，人类已知的事情是非常有限的，而未知的东西却永无穷尽，只有永远保持强烈的好奇心，对身边的万事万物进行坚持不懈地探索，才能解开更多的宇宙之谜。

这本《世界尚未解开的1001个宇宙之谜》是我们呈现给广大儿童的最新力作。它体例新颖，图文精彩，内容上涉及到了“宇宙谜团”、“探秘外星人”、“UFO寻踪”三个部分，囊括了世界上最经典、最玄妙、最神秘的宇宙未解之谜，配以珍贵罕异的图片和生动活泼的插画，向小读者们展示出了一个浩瀚无垠的宇宙世界。本书逻辑严密，脉络清晰，语言简洁

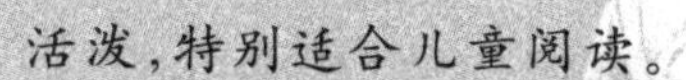

活泼，特别适合儿童阅读。

目录

第一章 宇宙谜团

目录

第二章　探秘外星人

目录

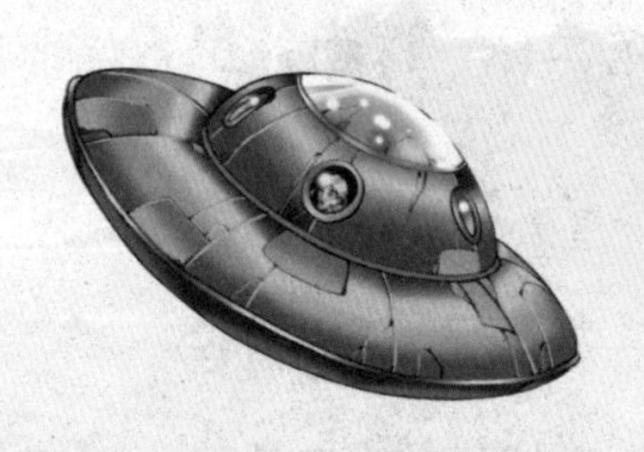

第三章 UFO 寻踪

第一章

宇宙谜团

YU ZHOU MI TUAN

máng máng yǔ zhòu chōng mǎn le wú jìn de shén qí yǔ xuán
茫茫宇宙，充满了无尽的神奇与玄
miào zhì shēn qí zhōng rén lèi gǎn jué dào de bù jǐn shì zì shēn de
妙。置身其中，人类感觉到的不仅是自身的
wēi ruò yǔ miǎo xiǎo hái yǒu zhe duì yǔ zhòu de zhǒng zhǒng yí huò hé
微弱与渺小，还有着对宇宙的种种疑惑和
wèi zhī qì jīn wéi zhǐ hěn duō wèn tí rén lèi hái wú fǎ zhǔn què
未知。迄今为止，很多问题人类还无法准确
de huí dá zài zhè yī zhāng lǐ wǒ men jiāng huì wèi nǐ zhǎn xiàn
的回答。在这一章里，我们将会为你展现
zhè xiē shén qí de yǔ zhòu mí tuán ràng nǐ zài wú xiàn de xiá xiǎng zhī
这些神奇的宇宙谜团，让你在无限的遐想之
zhōng gǎn shòu yǔ zhòu kōng jiān de hào hàn yǔ shén mì
中，感受宇宙空间的浩瀚与神秘。

宇宙诞生之谜

古代人认为天像伞一样盖在地上，日月星辰都在天空中爬行。

在古代中国，人们认为宇宙是一个名叫盘古的大力士开辟的。而在西方，人们认为宇宙是上帝创造的。今天，虽然科学技术已经有了很大的进步，但关于宇宙的成因，仍处在假说阶段。其中最著名的就是“宇宙大爆炸”说。这个观点认为，宇宙产生于一次大爆炸。最初的宇宙是一个非常小的奇点，它发生爆炸后，所有的物质都向外飞散，慢慢就形成了现在的宇宙。还有的科学家认为，宇宙在最初的时候并不是一个奇点，而是一个巨大的能量库。这个能量库不断膨胀，发生小型的爆炸，逐渐形成了宇宙的雏形。虽然这些假说都有一定的道理，但它们并不能完全解释宇宙诞生的过程。宇宙诞生之谜，仍然需要我们人类进一步探索。

宇宙大爆炸示意图

宇宙大爆炸的能量来自何方

今天，宇宙大爆炸学说已经得到了大多数科学家的认可。任何爆炸都会放出巨大的能量。比如，鞭炮爆炸时会释放出化学能；而原子弹爆炸时放出的能量，是原子核裂变或聚变时放出的原子能。那么，宇宙大爆炸的能量来自何方呢？也是原子能和化学能吗？不是，在宇宙大爆炸的瞬间，温度非常高，不仅一切物质都不会存在，连原子都不可能存在。科学家们推测，在爆炸的时候，宇宙中只存在着比原子核小得多的粒子和辐射。因此，宇宙大爆炸的能量可能就来源于这些粒子和辐射之间相互作用产生的能量。不过，这只是一种推测而已。宇宙大爆炸这一学说本身并不完善，而大爆炸的能量来自何方，这个谜也将会随着这一学说的发展而被解开。

浩瀚无边的宇宙

宇宙大爆炸的能量可能来源于粒子和辐射之间相互作用产生的能量。图为急剧膨胀的宇宙。

宇宙是有限的还是无限的

物质在膨胀刚结束后的火球宇宙中诞生。

宇宙究竟有多大呢？随着天文学的发展，人们通过望远镜观测发现，相对于整个宇宙来说，银河系只是沧海一粟。现在，我们已经可以观测到一百多亿光年以外的天体，但仍然没有发现宇宙的边缘。因此，多数科学家认为宇宙是无限的。但是，也有一些人认为宇宙是有限的。他们的理由是，如果宇宙起源于大爆炸，那么大爆炸的时间是有限的，而宇宙膨胀的速度是一定的，所以，宇宙的大小就是有限的。目前，人们对宇宙的大小有种种说法，但都处于猜测阶段，还没有被天文实践所证明。宇宙到底有限还是无限，至今还是一个未解的谜。

如此浩渺的宇宙，到底有没有边界呢？

yǔ zhòu xíng zhuàng zhī mí

宇宙形状之谜

yǔ zhòu yǒu xíng zhuàng ma rú guǒ yǒu de huà nà tā yòu
宇宙有形状吗？如果有的话，那它又
huì shì shén me yàng zi de ne xiàn zài kē xué jiā men yě zài fēn
会是什么样子的呢？现在，科学家们也在纷
fēn cāi cè yǔ zhòu de xíng zhuàng bǐ jiào pǔ biàn de guān diǎn shì
纷猜测宇宙的形状。比较普遍的观点是，
yǔ zhòu shì biǎn píng de ér qiě zài yǔ zhòu xíng chéng de chū qī tā
宇宙是扁平的，而且，在宇宙形成的初期，它
de dà xiǎo zhǐ xiāng dāng yú xiàn zài de qiān fēn zhī yī zhè shuō míng
的大小只相当于现在的千分之一。这说明
yǔ zhòu zì xíng chéng yǐ lái yī zhí zài bù duàn de péng zhàng dàn shì
宇宙自形成以来一直在不断地膨胀。但是，
guān yú yǔ zhòu shì biǎn píng de zhè zhǒng shuō fǎ yě bù jìn wán
关于“宇宙是扁平的”这种说法也不尽完
měi yǒu de kē xué jiā rèn wéi jì rán guāng shì cóng dà bào zhà hòu
美。有的科学家认为，既然光是从大爆炸后
kāi shǐ xiàng sì zhōu chuán bō de
开始向四周传播的，
nà me yǔ zhòu hěn kě néng jiù shì
那么，宇宙很可能就是
qiú xíng de shèn zhì hái yǒu rén
球形的。甚至还有人
zhǐ chū yǔ zhòu de xíng zhuàng hěn
指出，宇宙的形状很
kě néng xiàng ge lún tāi huò zhě
可能像个轮胎，或者
xiàng ge píng zi suī rán rén men
像个瓶子。虽然人们
de shuō fǎ bù jìn xiāng tóng dàn
的说法不尽相同，但
yǔ zhòu dào dǐ shì shén me xíng zhuàng
宇宙到底是什么形状
de zhì jīn yě méi yǒu rén néng gòu
的，至今也没有人能够
bǎ tā miáo huì zhǔn què zhè ge mí
把它描绘准确，这个谜
hái xū yào kē xué jiā men qù jiē shì
还需要科学家们去揭示。

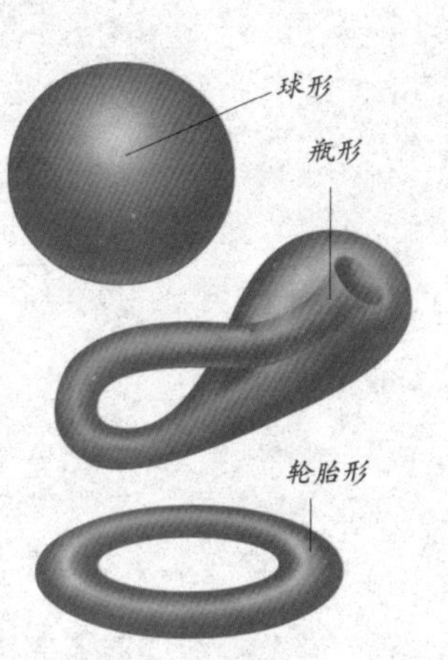

科学家猜测的几种宇宙的形状

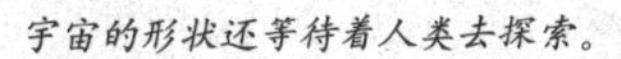
宇宙的形状还等待着人类去探索。

宇宙可以再“生”宇宙吗

你有没有想过，宇宙也有可能会像我们地球上的生物一样进行繁殖呢？现在有一种新理论声称，整个宇宙可能就是一个活体。这种理论认为，宇宙中的黑洞就可以“孕育”出一个宇宙婴儿。经过一段时间的成长，如果它也有了黑洞，那么它就可以再“生”宇宙。也就是说，黑洞可以“萌发”整个宇宙！这种说法一被提出，立即遭到了很多科学家的质疑。理由是，如果宇宙是由黑洞“孕育”出来的，那最初的黑洞又是从哪里来的呢？这就好像“先有母鸡还是先有鸡蛋”这个问题一样，得不到根本的解释。但是，也有科学家认为，我们现在对宇宙的认识还是有限的，给宇宙是不是一个活体下结论还为时过早。所以，宇宙是不是一个可以进行“繁殖”的活体，到现在还是一个谜。

一种新的理论声称，宇宙是由黑洞“孕育”的。

宇宙的形成至今还是一个谜。

宇宙会死亡吗

宇宙的未来取决于宇宙的膨胀和宇宙间的万有引力。

宇宙有没有终结的一天？宇宙将会如何终结？是“砰”的一声大爆炸，还是逐渐消亡？当地球人在无数个夜晚仰望夜空的时候，总会发出这样的疑问。科学家指出，宇宙的最终“命运”取决于两种相反的力量长时间进行“拔河比赛”的结果：一种力量是宇宙的膨胀、扩张；另一种就是宇宙中的万有引力。如果万有引力足够大，它就会使宇宙的扩张最终停止，这样宇宙就会坍塌，最终变成一个漆黑的寒冷的世界。现在，人类还不能对扩张和万有引力作出精确的估测，更不知道它们中的哪一位会是最后的“胜利者”。所以，宇宙是否会死亡，而它又会在什么时候以什么方式死亡，至今还是一个等待人类去破解的谜。

如果宇宙真的会死亡，那我们人类的未来将如何呢？

宇宙中的暗物质之谜

宇宙中有各式各样闪闪发光的星体，组成了庞大的星系家族。但有一些天文学家认为，宇宙中不但有这些发光的星体，还有现在我们观察不到的暗物质。什么是暗物质呢？暗物质就是宇宙中不发光的弥漫物质所形成的云雾状天体。一些天文学家的研究证明，星系的质量并不集中在星系的核心，而是均匀地分布在整个星系中。这就告诉人们，在星系中一定存在着大量看不见的暗物质。这些暗物质主要由暗淡的褐矮星、恒星尸骸和小黑洞构成。但是，对于宇宙暗物质的问题，也有人持否定态度。一些科学家经过观测研究发现，褐矮星等暗星很难构成暗物质。所以，关于宇宙中是否存在着暗物质，仍是未解之谜，揭示它还有待于科学家们的继续努力。

宇宙中真的存在着暗物质吗?

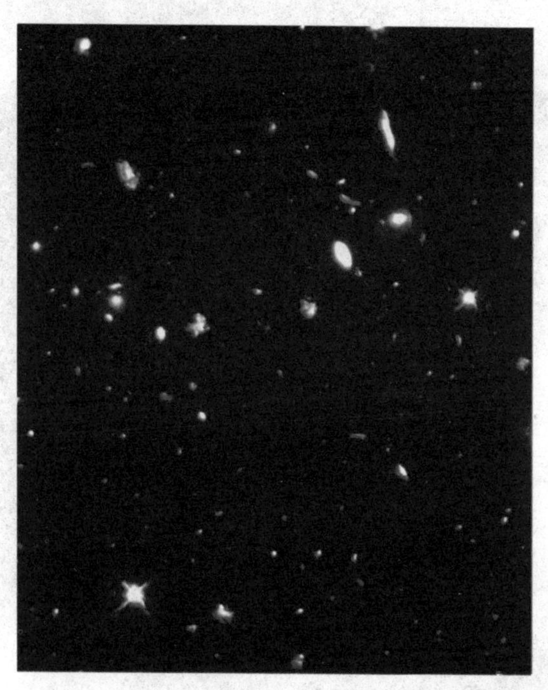

星系团是宇宙中可能存在暗物质的证据。

宇宙中存在反物质吗

顾名思义，反物质是和物质相对的一个概念。原子是构成物质的最小粒子，它由电子和原子核组成，而原子核又由质子和中子组成。其中，质子带正电荷，电子带负电荷。后来，人们通过实验提出了反粒子的存在。反粒子所带的电荷，正好跟粒子相反。即：反质子带负电荷，而反电子则带正电荷。如果一个反质子和一个反电子相结合，不就形成一个反原子了吗？如此类推下去，岂不是就会形成一个反物质世界吗？于是有的科学家认为，宇宙中是存在反物质的。但是经过研究发现，粒子和反粒子一旦相遇，它们就会“同归于尽”，从而转化成光子辐射，可人们至今都还没有发现这种光子辐射的存在。所以，宇宙中是不是真的存在反物质，仍然是一个待解的谜。

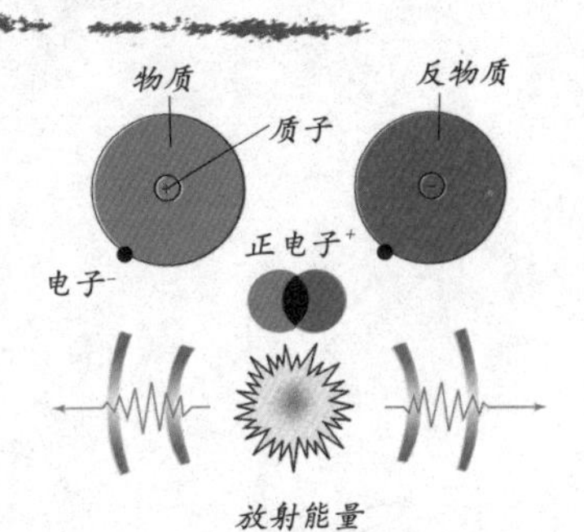

物质和反物质如果相互接触便会湮灭，放射出辐射能。

宇宙物质的演化过程

宇宙中的射线之谜

宇宙射线是在宇宙中以接近光速的速度传播的粒子，大多由质子组成，有时由重原子核组成。早在1912年，天文物理学家们就发现了这种射线的存在，但至今仍未搞清楚它们是从哪里来的，为何会拥有如此高的能量。东京大学的宇宙射线检测装置“超级神冈器”多次监测到了高能宇宙射线。从理论上讲，这些高能宇宙射线只能来自银河系内部，但天文学家们没有在银河系内部找到它们的源头。那么这些射线究竟来自何方呢？有的学者认为可能是超级神冈器的探测结果不正确，却也无法拿出确凿的证据。因此，到现在我们还无法找到真正的答案。

张德勒X射线天文卫星

浩瀚的宇宙中有着大量的射线。

宇宙岛漂浮之谜

宇宙岛就是宇宙中的星系。

宇宙岛，可不是宇宙中的岛屿，它是人们对星系极其形象的称呼。在宇宙大爆炸之后的膨胀过程中，分布不均匀的物质受到引力作用，它们逐渐聚集起来，形成了一个个星系，这就是宇宙岛。既然一个个星系可以像岛屿一样“漂浮”在宇宙空间，那它们是从何处“漂移”过来的呢？这就是星系的起源问题，它的答案目前仍然存在着很多争论。有的科学家认为，星系团物质先形成了原星系，然后才进一步形成了星系或恒星。而有的科学家则认为，宇宙膨胀时会形成旋涡，然后才在旋涡处形成了原星系。综合看来，这两种观点都不成熟，他们都不能拿出一套完整科学的理论来解释宇宙岛的成因，解开这个谜还需要科学家们进行更全面的观测和研究。

车轮星系

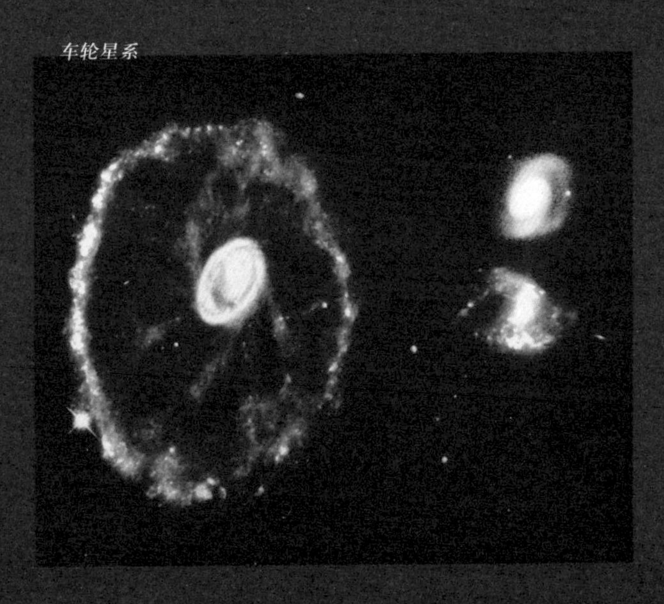

黑洞形成之谜

在宇宙空间，有一个神秘的区域，不管什么物体只要进入这个区域便会消失得无影无踪，人们把它称之为“黑洞”。这样一个“法力无边”的天体是怎样形成的呢？人们对此的解释不尽相同。有人认为，当恒星步入它们的晚年时，由于其内部的核燃料已经被消耗一空，恒星便会在自身引力的作用下坍缩。如果坍缩星体的质量超过太阳的3倍，那么，其坍缩的产物就是黑洞。也有人认为，黑洞是超新星爆发时一部分恒星坍毁变成的。还有人认为，在宇宙大爆发时，其异乎寻常的力量把一些物质挤压得非常紧密，形成了“原生黑洞”。总而言之，尽管现在人们还不能揭开黑洞的神秘面纱，但随着科学的不断发展，这个谜团终将被解开。

据分析，人马座中有个超大的黑洞。

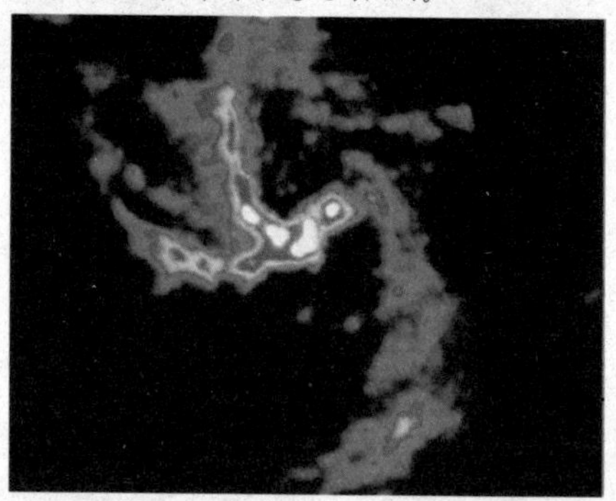

一般黑洞都有一个城镇那么大。

银河系的中心是黑洞吗

银河系的形状有点像体育运动中使用的铁饼，其核心在人马座方向，这里是恒星特别密集的区域，大约有一千亿颗恒星拥挤在一起。由于银河系中心的红外线和射电波信号很强，而天文学家也探测到了这个地方的射电源，所以有的天文学家认为，银河系的中心有一个质量很大的黑洞。但是，有的天文学家则认为，如果银河系的中心真的是黑洞的话，那它必定会不断地吞噬周围的宇宙物质，当它的质量越来越大时，它的引力也就越来越大，最终它会将整个银河系都吞噬掉！如果是这样，那宇宙的未来岂不是黑洞的未来？所以他们认为，银河系的中心并不是黑洞。虽然天文学家们的说法各不相同，但银河系的中心究竟是什么，现在还是一个未解之谜。

银河系的中心真的有一个大黑洞吗？

银河系结构示意图

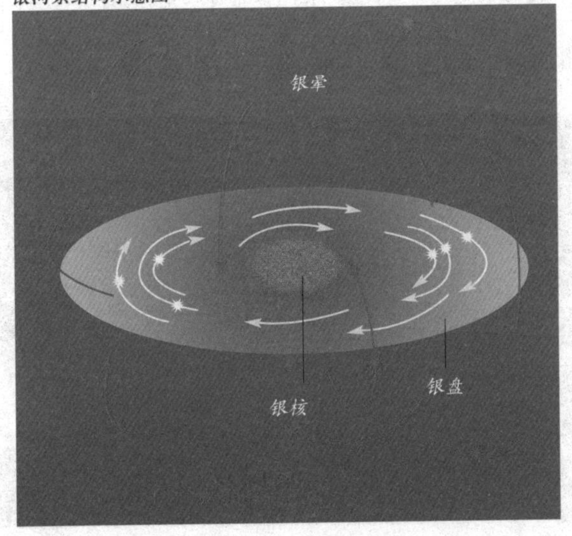

白洞中的物质为何不会枯竭

宇宙中既然有黑洞存在，那是不是应该有一个和它恰恰相反的白洞存在呢？是的，20世纪60年代，人们发现了一种类星体，它个头不大，但却非常明亮，于是人们猜测它的中心可能有一个白洞。白洞就像是我们见到的喷泉，它可以不断地向外部喷射但从不吸收物质。正是因为白洞“只出不进”的特点，使它成为了一个和黑洞相反的可见天体。也许你会觉得奇怪，白洞“只出不进”，那它的内部物质不会枯竭吗？如果不枯竭，这些物质又是从何而来呢？有人提出了一种设想，即白洞和黑洞是相通的，二者之间有一个通道，它可以把黑洞吸走的物质运到白洞，再由白洞喷发出去。事实果真如此吗？直到现在仍是一个未解之谜。

黑洞是否真和白洞并存于宇宙之中呢？

茫茫宇宙中还存在着许多神秘未知的事物。

星系中的环状物之谜

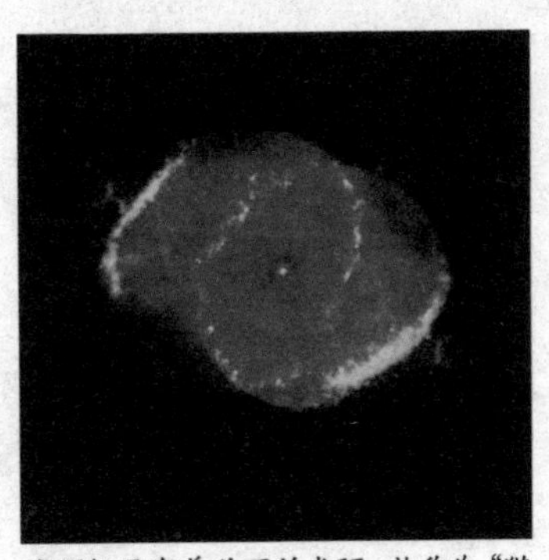
这颗恒星有着美丽的光环，被称为“猫眼星云”。

人类常常用环状物作装饰，有趣的是，星系也会用环状物装饰自己。用世界上最大的天文望远镜可以看到，有的星系核心呈红色，周围有一个结构对称的环，发出美丽的蓝光，人们把它们称为华格天体。为什么它们会有如此美丽的光环呢？有的天文学家认为，华格天体的环属于旋涡星系环中的一种。由于星系中的棒状结构不稳定，就会搅动星系盘形成光环。而另外一些天文学家则认为，在二三十亿年前，另一星系与华格天体相吸引后又分离，光环就是另一星系留下的产物。虽然人们现在还无法解释星系中的环状物之谜，但毫无疑问，华格天体正日益受到人们的关注，科学的发展最终会让人类解开这个谜。

就像土星有美丽的光环一样，有的星系也有光环。

星系会互相吞食吗

天文学家经过观测发现，宇宙中的星体之间存在着互相吞食的现象。大恒星会把小恒星的外层物质剥下来吸到自己身上，使自己越来越胖；而那颗被吞食的恒星，就会逐渐变得骨瘦如柴，最后只剩下一个光秃秃的星核。所以，现在有一种理论认为，星系之间也会互相吞食和残杀。这个理论声称：椭圆星系就是两个旋涡星系互相碰撞、混合、吞食而成的。而环状星系的形成，也是两个星系互相碰撞、吞食的结果。环状星系中心的天体就是它们互相吞食后留下的痕迹。然而，宇宙中星系之间的距离都非常遥远，它们互相碰撞的机会很少。所以，星系之间会不会相互吞食，还需要充分的依据来证明。到目前为止，它还是一个尚未解开的谜。

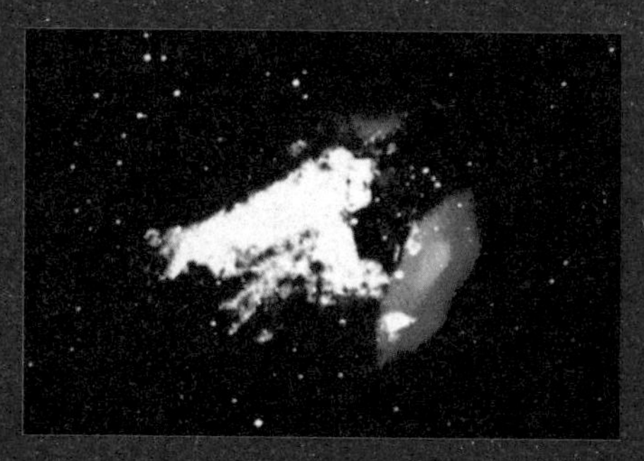

椭圆星系有可能就是两个旋涡星系互相碰撞、混合、吞食而成。

一种新的理论提出，星系之间也会相互吞并。

星际分子之谜

星际空间中含有许多分子物质。

长期以来，天文学家们认为，在茫茫宇宙空间，除了恒星、行星、星云之类的天体物质，就再也没有什么别的物质了。直到20世纪初，人们还认为星际空间是一片真空。但在1968年，天文学家在银河中心区域先后发现了氨分子和水分子的存在，它们数量很多，形成体积巨大的“分子云”。不久，天文学家们又在太空中发现了一种比较复杂的有机分子——甲醛，它的分布十分广泛。此后，天文学家们在宇宙中陆续发现的星际分子共有50多种。使科学家们感到困惑的是，有些星际分子在地球环境中是找不到的。这些星际分子在太空中究竟有什么作用，它们又有哪些物理、化学特性，到现在都还是一个谜。

星际空间并非一片真空。

yín hé xì de jié gòu zhī mí
银河系的结构之谜

yín hé xì de xíng zhuàng jiù xiàng wǒ men zài tǐ yù bǐ sài zhōng kàn dào de dà tiě bǐng tā
银河系的形状就像我们在体育比赛中看到的大铁饼，它
de zhōng xīn shì yín hé wài céng wéi yín yùn yóu yú yín hé xì zài yǔ zhòu kōng jiān yǐ měi miǎo
的中心是银核，外层为银晕。由于银河系在宇宙空间以每秒
qiān mǐ de sù dù bù tíng de zì zhuàn suǒ yǐ yǒu rén rèn wéi jiù shì zhè yàng bù tíng de xuán
220千米的速度不停地自转，所以有人认为，就是这样不停的旋
zhuǎn cái shǐ yín hé xì chéng xiàn chū xuán wō zhuàng jié gòu yīn cǐ dà bù fen rén rèn wéi yín hé
转才使银河系呈现出旋涡状结构。因此，大部分人认为银河
xì shǔ yú xuán wō xīng xì dàn shì yě yǒu yī xiē rén wán quán bù rèn tóng zhè ge guān diǎn tā
系属于旋涡星系，但是，也有一些人完全不认同这个观点。他
men rèn wéi yín hé xì bìng bù shì xuán wō jié gòu ér zhǐ shì yī xiǎo duàn yī xiǎo duàn de líng sǎn
们认为，银河系并不是旋涡结构，而只是一小段一小段的零散
xuán bì xuán wō zhǐ shì wǒ men chǎn shēng de yī zhǒng huàn yǐng
旋臂，旋涡只是我们产生的一种幻影。

guī gēn jié dǐ yín hé xì de jié gòu jiū jìng shì shén me yàng
归根结底，银河系的结构究竟是什么样
de tā shì yǒu sì tiáo cháng cháng de xuán bì ne hái shì zhǐ
的？它是有四条长长的旋臂呢，还是只
yǒu líng sǎn de jú bù xuán bì zhè xiē mí tuán zhǐ néng děng dài
有零散的局部旋臂？这些谜团只能等待
yǐ hòu de kē xué guān cè hé yán jiū lái pò jiě le
以后的科学观测和研究来破解了。

银河系旋臂示意图

旋转方向
银河系的旋臂
太阳系

银河系的结构之谜还需要以后的科学研究来破解。

神秘的银河气弧现象

宇宙中的现象真是奥妙无穷，银河气弧现象就特别神奇，我们用今天的科学知识也无法解释它。美国天文学家们发现，在银河系的中心有一道由星际圆盘延伸而出的巨型气弧，它与银河圆盘几乎垂直，看上去非常壮观，因此人们将它取名为“银河气弧”。观察表明，气弧由长条丝状的物体组成，它们就像绳索一样，能随意扭转。气弧的长度估计在150光年以上，还发射出了强烈的无线电波。而且，这个气弧也具有磁场，但是它的南北极并不对称。

神秘的银河气弧

银河系为什么会有这样一个气弧存在，而它又对星系的形成产生过什么作用呢？这一切到现在都还是没有答案的谜团。天文学家们正在对银河气弧进行探讨和研究，希望能早日破解气弧之谜。

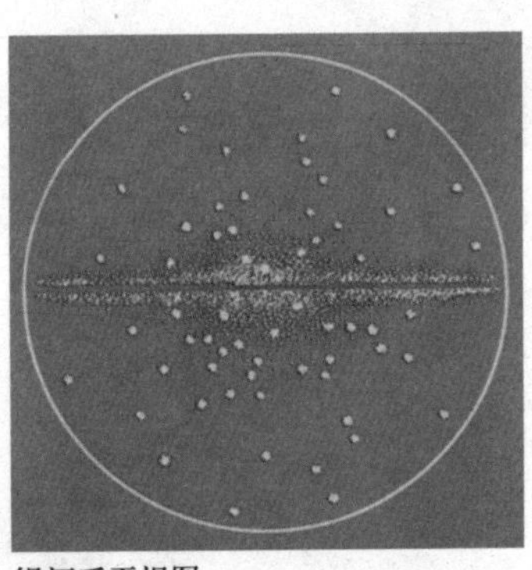

银河系平视图

héng xīng de zuì gāo wēn dù yǒu duō shao
恒星的最高温度有多少

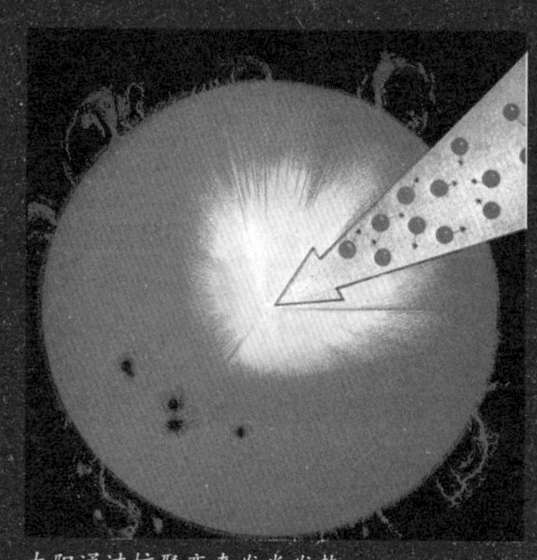
太阳通过核聚变来发光发热。

在我们能观测到的恒星中，99%以上都和太阳一样，属于主序星。太阳是一颗中等大小的恒星，它的表面温度为6000℃。质量比它小的恒星，其表面温度也比它低，有一些恒星的表面温度只有2500℃左右。而那些质量比太阳大的恒星，其表面温度可达10000℃或20000℃，甚至更高。此外，恒星的内部温度要比它的表面温度高得多，太阳的中心温度就大约为1500万℃。科学家推测，恒星内部的最高温度是60亿℃。然而，那些不属于主序星的天体，它们的温度又会有多高呢？比如，脉冲星的温度会达到多少？会不会超过60亿℃这个“最大值”？而类星体的核心温度又有多高呢？所有这些问题，迄今为止还是一个无人知晓的谜。

太阳的表面温度高达6000℃。

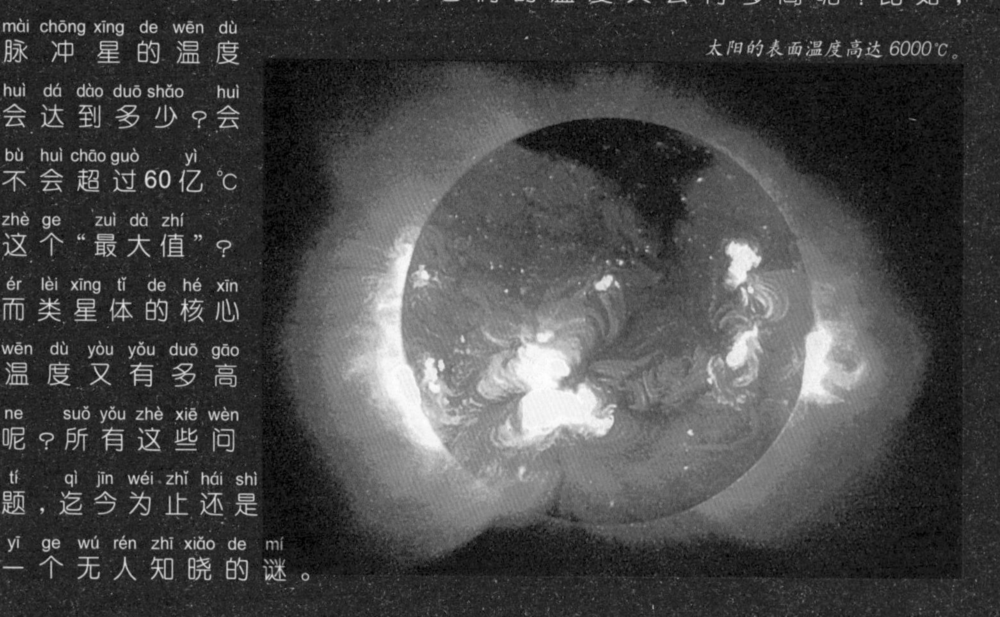

恒星的相貌之谜

恒星在星云中诞生。

在我们人类的眼中看来，天上的星星除了大小和亮暗之外并没有什么区别。事实果真如此吗？实际上，每颗恒星都有自己的独特相貌。它们有的像漩涡，有的像圆宝石，有的像两根短棒……为了辨别宇宙中不同的恒星，人们使用了光谱。光谱是研究恒星“肖像”的一把“钥匙”，美国科学家对当时能观测到的全天24万多颗恒星都拍摄了光谱，并对它们进行了分类和研究。最后，科学家们按照恒星的表面温度由高到低的顺序，把恒星分为了七类，每一类恒星都有各自的特点。但是，恒星的相貌为何有如此大的差异，直到现在还是一个科学无法解释的谜。

每颗恒星的相貌都不尽相同。

dà héng xīng dàn shēng zhī mí

大恒星诞生之谜

zài yǔ zhòu kōng jiān zhōng yǒu yī xiē héng
在宇宙空间中，有一些恒
xīng de zhì liàng yuǎn yuǎn chāo guò le tài yáng yǒu
星的质量远远超过了太阳，有
xiē shèn zhì shì tài yáng de bèi kē xué jiā men
些甚至是太阳的100倍，科学家们
jiāng tā men mìng míng wéi dà héng xīng nà
将它们命名为“大恒星”。那
me shì shén me yàng de yuán yīn zào jiù le zhè xiē
么，是什么样的原因造就了这些
jù rén zhī zhōng de jù rén ne zhè yī zhí shì ge
巨人之中的巨人呢？这一直是个
nán jiě zhī mí duì yú dà héng xīng de xíng chéng guò chéng tiān wén xué jiā men cóng lǐ lùn shang tí
难解之谜。对于大恒星的形成过程，天文学家们从理论上提
chū le liǎng zhǒng kě néng xìng yī zhǒng shì zhè xiē héng xīng shì yóu yī xiē xiǎo zhì liàng de héng xīng
出了两种可能性：一种是，这些恒星是由一些小质量的恒星
pèng zhuàng róng hé xíng chéng de lìng yī zhǒng shì zhè xiē dà jiā huo yě xiàng wǒ men de tài yáng yī
碰撞融合形成的；另一种是，这些大家伙也像我们的太阳一
yàng shì zài yǐn lì tān suō
样，是在引力坍缩
hé wù zhì xī jī de guò chéng
和物质吸积的过程
zhōng dàn shēng de nà me
中诞生的。那么，
jiū jìng nǎ yī zhǒng shì zhēn
究竟哪一种是真
shí de qíng kuàng ne dà héng
实的情况呢？大恒
xīng de xíng chéng shì fǒu hái yǒu
星的形成是否还有
qí tā de yuán yīn ne xiàn
其他的原因呢？现
zài gèng duō de guān cè hái
在，更多的观测还
zài jìn xíng xiāng xìn bù jiǔ
在进行，相信不久
de jiāng lái tiān wén xué jiā men
的将来天文学家们
huì zhǎo dào zhèng què de dá àn
会找到正确的答案。

宇宙中，有些恒星的质量远远超过了太阳。

恒星的诞生

类星体能量来源之谜

类星体是迄今为止人类发现的距离我们最远，同时又是最明亮的天体。因为它们跟恒星很像但又不是恒星，所以被叫做“类星体”。科学家们经过研究发现，类星体的发光能力极强，比普通星系要强上千百倍，因此获得了“宇宙灯塔”的美名。更令人吃惊的是，类星体的体积非常小，直径只有一般星体的十万分之一，甚至一百万分之一。为什么在这样小的体积内会产生这么大的能量呢？有人认为，类星体的能量来自超新星的爆炸，而且他们还猜测类星体中每天都有超新星爆炸；还有人认为类星体中心有一个巨大的黑洞。当气体落入黑洞时，过剩的能量就会辐射出去，发出极亮的光。虽然有关类星体的假说有很多，但要想真正解开类星体能量来源之谜，还有待于科学家们的辛勤探索。

类星体的能量来自何方，一直是个未解之谜。

类星体

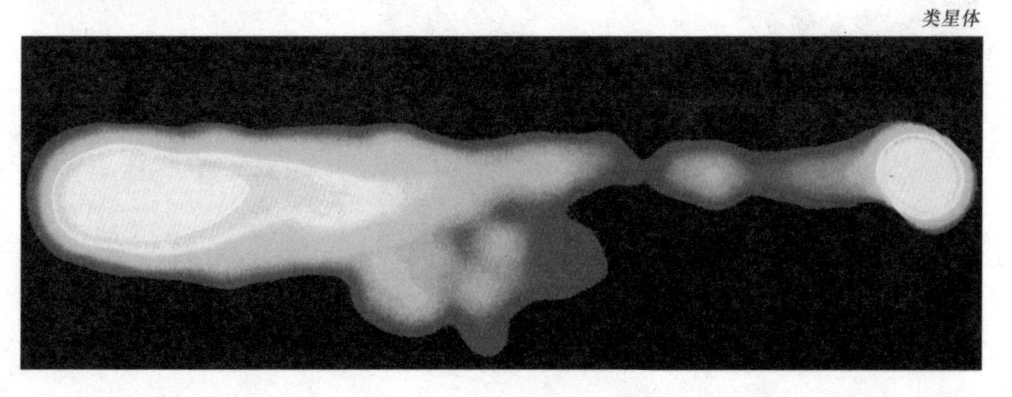

类星体的超光速之谜

类星体是20世纪60年代新发现的一类天体。它们不仅距离我们很远，而且其体积也很小，直径仅有普通星系的1/100000左右。更令人惊奇的是，类星体运动的速度居然超过了光速。

红移类星体

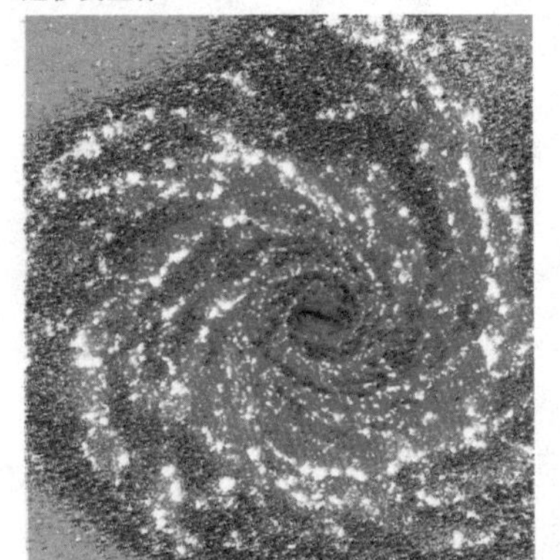

1977年，根据研究证实，在著名类星体3C273的内部，有两个辐射源，而且它们还在相互分离，分离的速度竟高达每秒2880000千米，是光速的9.6倍。继此之后，人们相继发现了几个“超光速”的类星体。这简直不可思议！因为迄今为止，我们人类所能接触的所有物质，其速度都是不可能超越光速的。为什么类星体的速度会如此之快，甚至大大超过了光速呢？至今也没有人能够揭开这些问题的谜底，看来还有待于科学家们的不断努力探索。

类星体 NGC6872 和 1C4970

tài yáng xì qǐ yuán zhī mí

太阳系起源之谜

太阳系最初可能是一个巨大的原始星云。

liǎng bǎi nián lái xǔ duō kē xué jiā dōu tàn tǎo
两百年来，许多科学家都探讨
guò tài yáng xì de qǐ yuán wèn tí dào mù qián wéi
过太阳系的起源问题。到目前为
zhǐ rén men duì tài yáng xì de qǐ yuán tí chū le sì
止，人们对太阳系的起源提出了四
shí duō zhǒng jiǎ shuō dàn yǐng xiǎng jiào dà de zhǔ yào yǒu
十多种假说，但影响较大的主要有
sān zhǒng dì yī zhǒng shì zāi biàn shuō tā rèn
三种：第一种是“灾变说”。它认
wéi tài yáng shì tài yáng xì zhōng zuì xiān xíng chéng de xīng
为，太阳是太阳系中最先形成的星
tǐ hòu lái lìng wài yī kē xīng tǐ ǒu rán cóng tài yáng fù jìn jīng guò huò zhě shì zhuàng dào
体。后来，另外一颗星体偶然从太阳附近经过，或者是撞到
le tài yáng shang tā dài zǒu le tài yáng biǎo miàn de yī bù fen
了太阳上，它带走了太阳表面的一部分
wù zhì màn màn de jiù xíng chéng le tài yáng xì zhōng de xíng xīng
物质，慢慢地就形成了太阳系中的行星。
dì èr zhǒng shì xīng yún shuō tā rèn wéi zhěng gè tài yáng
第二种是“星云说”。它认为，整个太阳
xì de wù zhì dōu shì yóu tóng yī ge yuán shǐ xīng yún xíng chéng
系的物质都是由同一个原始星云形成
de xīng yún de zhōng xīn bù fen xíng chéng le tài yáng wài wéi
的，星云的中心部分形成了太阳，外围
bù fen jiù xíng chéng le xíng xīng dì sān zhǒng shì fú huò
部分就形成了行星。第三种是“俘获
shuō tā rèn wéi tài yáng zài xīng jì kōng jiān de yùn dòng
说”。它认为，太阳在星际空间的运动
zhōng fú huò le yī tuán xīng jì wù zhì zhè xiē wù zhì yóu
中，俘获了一团星际物质，这些物质由
xiǎo biàn dà zuì hòu jiù xíng chéng le xíng xīng jǐn guǎn zhè xiē
小变大，最后就形成了行星。尽管这些
jiǎ shuō dōu yǒu yī dìng de yī jù dàn tā men dōu bù néng lìng
假说都有一定的依据，但它们都不能令
rén wán quán xìn fú suǒ yǐ tài yáng xì de qǐ yuán wèn tí
人完全信服。所以，太阳系的起源问题，
zhì jīn hái shì yī ge dài jiě zhī mí
至今还是一个待解之谜。

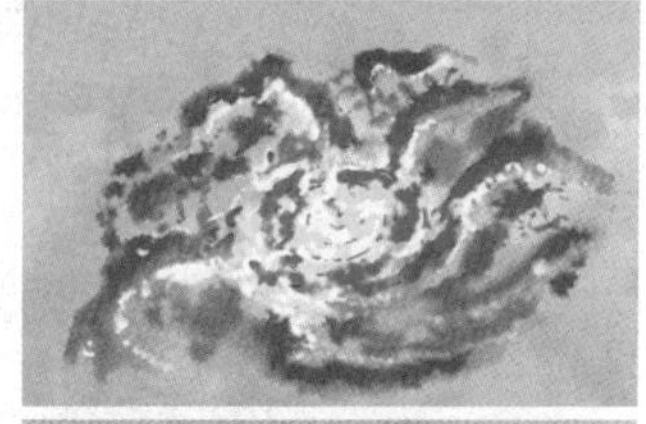

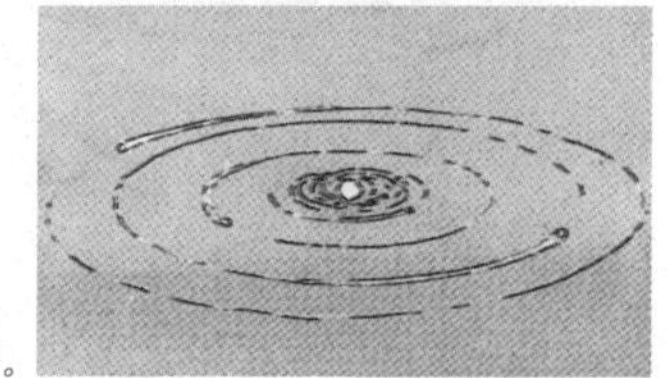

太阳系的形成有四个阶段：星云收缩，原始太阳诞生，行星出现，太阳系成形。

tài yáng xì de jìn tóu zài nǎ lǐ
太阳系的尽头在哪里

kē xué jiā men yán jiū fā xiàn tài yáng huì pēn chū gāo néng liàng de dài diàn lì zǐ zhè jiù
科学家们研究发现，太阳会喷出高能量的带电粒子，这就
shì tài yáng fēng tài yáng fēng chuī guā de fàn wéi hěn guǎng bāo kuò le míng wáng xīng yǐ jí
是“太阳风”。太阳风吹刮的范围很广，包括了冥王星以及
tā guǐ dào yǐ wài de dà piàn fàn wéi bìng xíng chéng le yī ge jù dà de cí qì quān jí rì
它轨道以外的大片范围，并形成了一个巨大的磁气圈，即“日
quān rì quān de zhōng jí jìng jiè jiào zuò rì quān dǐng céng zhè jiù shì tài yáng suǒ néng zhī
圈”。日圈的终极境界叫做“日圈顶层”，这就是太阳所能支
pèi de zuì yuǎn duān kě yǐ jiāng qí shì wéi tài yáng xì de jìn tóu dàn shì rì quān dǐng céng jù
配的最远端，可以将其视为太阳系的尽头。但是，日圈顶层距
lí tài yáng yǒu duō yuǎn tā de xíng zhuàng jiū jìng rú hé zhè xiē dōu shì wèi jiě zhī mí xiàn
离太阳有多远？它的形状究竟如何？这些都是未解之谜。现
zài rén lèi fā shè de liǎng ge tàn cè qì yǐ jīng fēn bié
在，人类发射的两个探测器已经分别
fēi dào jù lí tài yáng hé de dì fang
飞到距离太阳66AU和51AU的地方（AU
shì tiān wén dān wèi xiāng dāng yú yì qiān mǐ
是天文单位，1AU相当于1.5亿千米），
xī wàng zhè néng gòu bāng zhù rén lèi zhǎo dào tài yáng xì
希望这能够帮助人类找到太阳系
de jìn tóu
的尽头。

宇宙辐射
星际气体
电流层穿过太阳圈。
冥王星
太阳
太阳圈

冥王星
小行星带
木星
土星
天王星
海王星
太阳
水星
地球
金星
火星
太阳系示意图

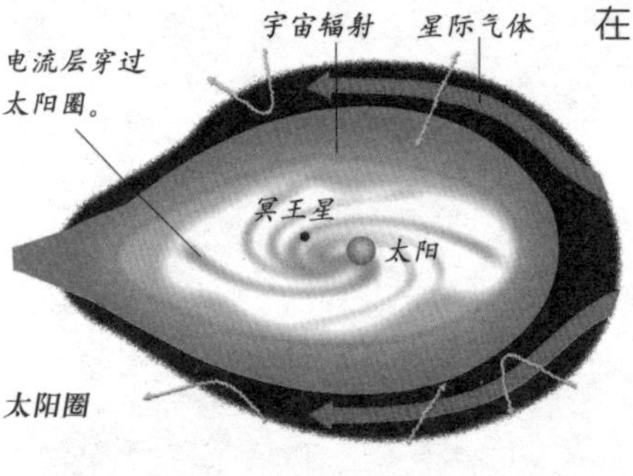

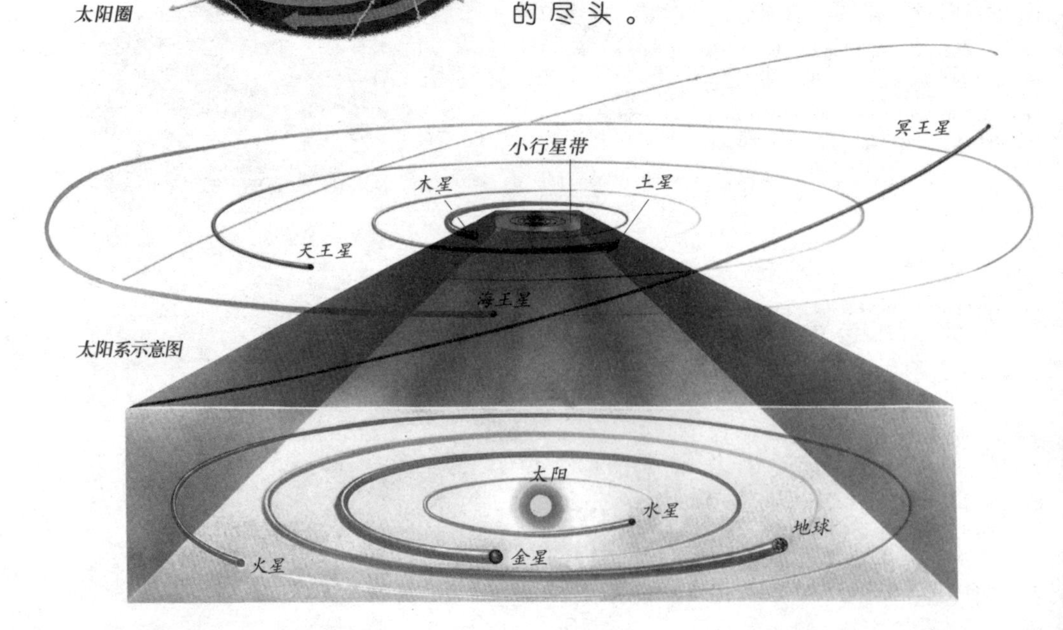

tài yáng xì yǒu dì shí kē xíng xīng ma

太阳系有第十颗行星吗

冥王星是太阳系的第九颗行星，它的背面是否还有一颗大行星呢？

太阳系的主要成员

tiān wén xué jiā men xún zhǎo xíng xīng zhǔ yào shì tōng
天文学家们寻找行星，主要是通
guò niú dùn de lì xué dìng lǐ gēn jù guān chá zī liào tuī
过牛顿的力学定理，根据观察资料推
suàn chū tā de yùn xíng guǐ dào rán hòu zài dào guǐ dào fù
算出它的运行轨道，然后再到轨道附
jìn qù sōu xún yóu yú tiān wáng xīng yùn xíng de fǎn cháng
近去搜寻。由于天王星运行的反常，
tiān wén xué jiā suàn chū le hǎi wáng xīng yòu yóu yú hǎi
天文学家“算”出了海王星；又由于海
wáng xīng de fǎn cháng míng wáng xīng cái dé yǐ bèi fā xiàn
王星的反常，冥王星才得以被发现。
kě shì míng wáng xīng de yùn dòng guī lǜ réng rán yǔ jì suàn
可是，冥王星的运动规律仍然与计算
jié guǒ bù fú yú shì rén men cāi xiǎng míng wáng xīng zhī
结果不符，于是人们猜想，冥王星之
wài shì bù shì hái yǒu yī kē dà xíng xīng ne ér qiě
外是不是还有一颗大行星呢？而且，
tài yáng de yǐn lì zuò yòng fàn wéi shì hěn dà de dà yuē
太阳的引力作用范围是很大的，大约
kě yǐ dá dào ge tiān wén dān wèi yī ge tiān wén
可以达到4500个天文单位（一个天文
dān wèi wéi qiān mǐ ér míng wáng xīng jù lí
单位为149597870千米），而冥王星距离
tài yáng zhǐ yǒu ge tiān wén dān wèi yīn cǐ tài yáng
太阳只有49个天文单位。因此，太阳
xì de biān yuán yuǎn zài míng wáng xīng zhī wài suǒ yǐ cóng
系的边缘远在冥王星之外。所以从
lǐ lùn shang lái shuō tài yáng xì yīng gāi hái yǒu dà xíng xīng
理论上来说，太阳系应该还有大行星
cún zài dàn shì cóng kōng jiān tàn cè qì fā huí de zhào
存在。但是，从空间探测器发回的照
piàn zhōng wǒ men bìng méi yǒu fā xiàn tài yáng xì yǒu xīn xíng
片中，我们并没有发现太阳系有新行
xīng de zhèng jù tài yáng xì shì fǒu hái yǒu dì shí kē xíng
星的证据。太阳系是否还有第十颗行
xīng zhè ge mí réng rán xū yào rén lèi bù duàn de tàn suǒ
星，这个谜仍然需要人类不断地探索
cái néng pò jiě
才能破解。

神秘天体绕太阳运行之谜

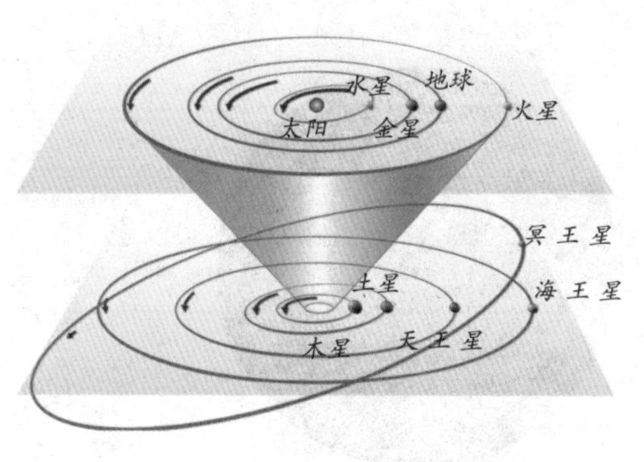

九大行星按照各自不同的轨道绕太阳运行。

1972年3月，“先锋10号”探测器被发射升空。但是，科学家现在突然发现，有一股神秘的力量正在作用于这个探测器，甚至影响了它的运行轨道。科学家们经过多种方法研究“先锋10号”发回的数据后，他们得出一个推论：一个新的天体正在围绕着太阳运行。科学家们初步推测，这个神秘的天体在行星大家族中属于“小字辈”，直径只有几百千米，可能是由冰和岩石构成。关于它的来历，科学家们猜测，它可能是撞上了一个大行星后被抛到太阳系边界的。然而，以上论断只是科学家们的推测。这个围绕太阳运行的神秘天体究竟为何物，它来自何方，又有什么样的结构，所有这些谜团都等待着人类去破解。

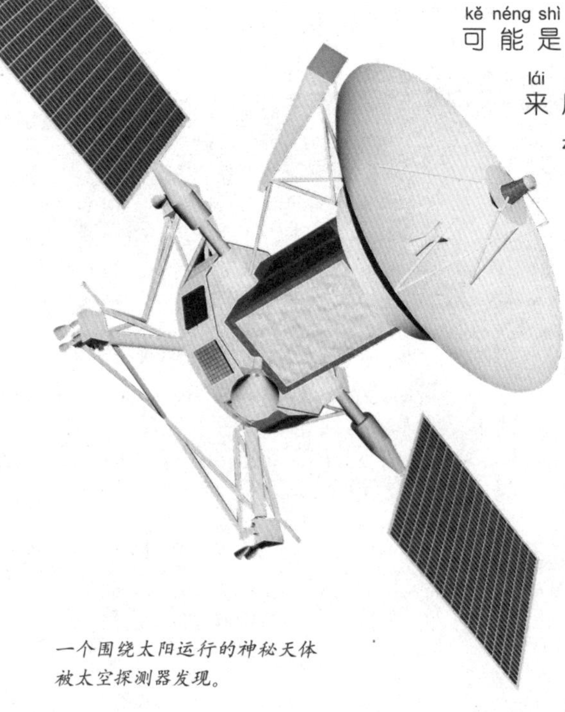

一个围绕太阳运行的神秘天体被太空探测器发现。

太阳的能量来自何处

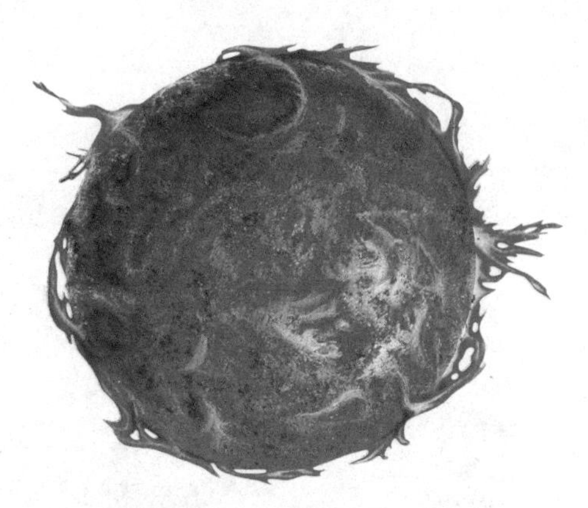
太阳的能量来源一直是个未解之谜。

太阳每时每刻都在向外释放着巨大的能量，它散发出来的光和热是地球万物生长的动力源泉。可是，太阳的能量又是从哪里来的呢？有的科学家经过观察研究认为，太阳之所以能够释放出如此巨大的能量，是因为它在引力的作用下不断地收缩。而且科学家们还计算出，太阳每100年会收缩0.1%。这一理论被提出后，立即遭到了很多人的质疑。理由是，如果太阳每100年就收缩0.1%，如此推算下去，太阳只够我们人类“使用”2500万年，而现在公认的地球历史已经有46亿年之久了，这种说法显然与地球历史相矛盾。因此，太阳能量的来源之谜，用太阳收缩来解释，似乎还存在着缺陷。太阳的能量究竟来自何处，还有待于科学家们进一步的探索。

太阳给地球上的生物带来了光和热。

日冕温度之谜

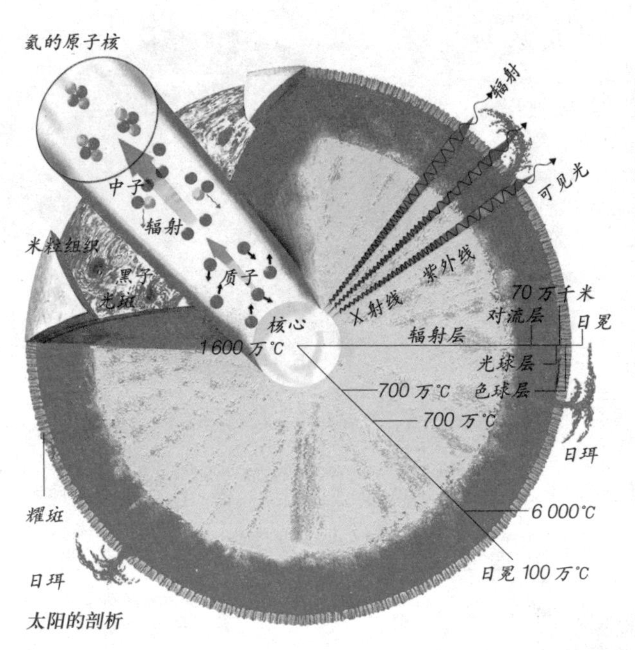

太阳的剖析

太阳的大气结构由内到外分为光球、色球和日冕三层。太阳光球的温度约为4500℃左右，色球的温度却比光球高得多。而最外层的日冕，其温度竟然高达200万℃。日核是太阳的能源所在，按理说应该越往外温度越低才对，为什么日冕会有如此高的温度呢？有的专家认为：太阳内部到处都激荡着强烈的声波，某些能量的波从日面逃逸出来，从而冲击了日冕，日冕吸收了波的能量，温度就迅速升高。而最新研究表明，日冕的高温可能是因为日冕物质吸收了太阳表面的电磁能所致。究竟是什么原因让位于最外层的日冕有如此高的温度，到现在还没有人能回答出这个问题。

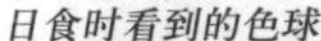

日食时看到的色球

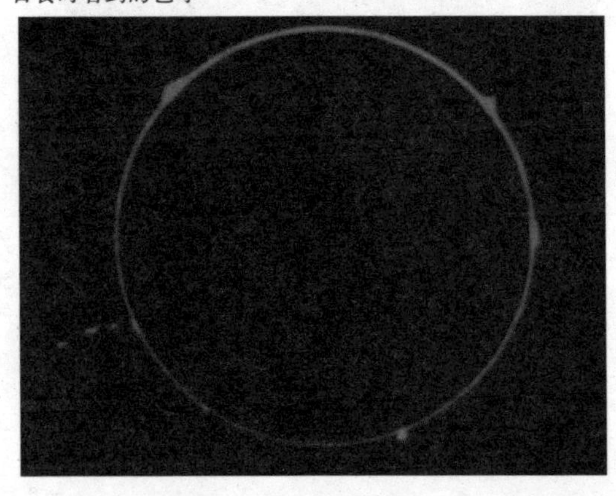

中微子失踪之谜

中微子是一种质量很小，本身不带电的粒子。说起中微子，人们马上就会想到太阳这个巨大的原子核反应堆，认为它会产生数量相当大的中微子，它们会穿过太阳到地球之间的距离，浩浩荡荡地向地球进军。这样大数量的中微子，寻找起来大概不会费劲吧。事与愿违的是，为了寻找来自太阳的中微子，科学家们绞尽了脑汁。后来，他们通过实验终于捕捉到了少量的中微子，但情况并不那么乐观。按照原来的计划，每天可以捕捉到11个中微子，可事实上5天才捕捉到了1个，那其他的中微子到哪里去了呢？这成为了轰动一时的中微子失踪之谜。面对这个谜团，科学家们现在还没有找到破解它的方法。

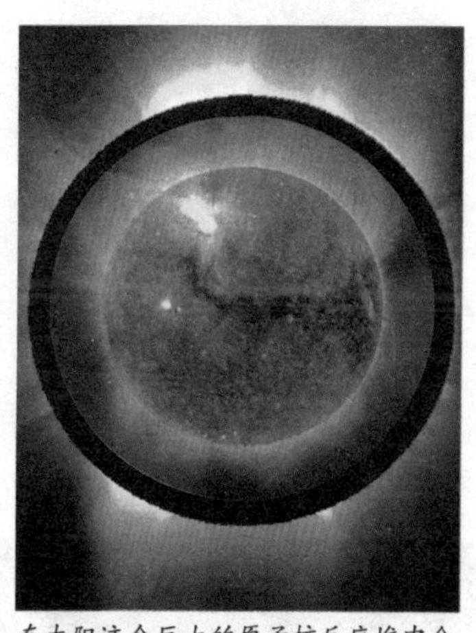

在太阳这个巨大的原子核反应堆中会产生中微子。

太阳抛射出中微子

shuǐ xīng dàn shēng zhī mí

水星诞生之谜

坑坑洼洼的水星表面

zài tài yáng xì de jiǔ dà
在太阳系的九大
xíng xīng zhōng shuǐ xīng jì shì
行星中，水星既是
lí tài yáng zuì jìn de xíng
离太阳最近的行
xīng yě shì zuì xiǎo de
星，也是最小的
lèi dì xíng xīng zǎo zài gōng yuán qián
类地行星。早在公元前3000
nián rén men biàn fā xiàn le shuǐ xīng de cún zài dàn shì zhí dào xiàn zài guān yú shuǐ xīng shì
年，人们便发现了水星的存在。但是，直到现在，关于水星是
rú hé dàn shēng de zhè ge wèn tí kē xué jiè què shǐ zhōng méi yǒu dé chū yī zhì de jié lùn
如何诞生的这个问题，科学界却始终没有得出一致的结论。
yǒu de kē xué jiā rèn wéi yóu yú shuǐ xīng lí tài yáng zuì jìn tā zuì chū kě néng chǔ yú yuán shǐ
有的科学家认为，由于水星离太阳最近，它最初可能处于原始
tài yáng xì xīng yún zhōng de gāo wēn qū yù bìng qiě yóu níng gù de jīn shǔ tiě jí qí tā fù hán
太阳系星云中的高温区域，并且由凝固的金属铁及其他富含
tiě niè de wù zhì duī jī ér chéng ér lìng wài yī xiē yán jiū rén yuán bìng bù rèn tóng zhè zhǒng
铁、镍的物质堆积而成。而另外一些研究人员并不认同这种
shuō fǎ tā men rèn wéi shuǐ xīng
说法，他们认为水星
shì zài jù dà de yuán shǐ xíng xīng
是在巨大的原始行星
hù xiāng pèng zhuàng de shí hou yóu
互相碰撞的时候，由
bǐ cǐ de jīn shǔ tiě róng hé ér
彼此的金属铁融合而
chéng yǐ shàng liǎng zhǒng jiǎ shuō
成。以上两种假说
jiū jìng nǎ zhǒng shì zhèng què de
究竟哪种是正确的，
shuǐ xīng dàn shēng shì fǒu hái yǒu qí
水星诞生是否还有其
tā de yuán yīn zhè dōu yǒu dài
他的原因，这都有待
yú kē xué jiā men jìn yī bù de
于科学家们进一步的
yán jiū tàn suǒ
研究探索。

“水手10号”探测器掠过水星。

shuǐ xīng shang shì fǒu zhēn de yǒu bīng chuān
水星上是否真的有冰川

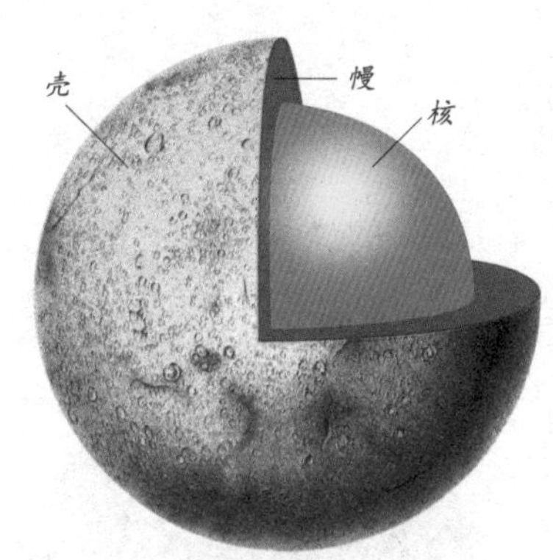

水星的构造

zài tài yáng xì de jiǔ dà xíng xīng zhōng shuǐ xīng lí
在太阳系的九大行星中，水星离
tài yáng zuì jìn tài yáng jǐ yǔ le shuǐ xīng gèng duō de guāng
太阳最近，太阳给予了水星更多的光
hé rè zhè yàng shuǐ xīng miàn xiàng tài yáng de yī miàn zuì gāo
和热，这样水星面向太阳的一面最高
wēn dù kě dá yǐ shàng rú cǐ gāo de wēn dù
温度可达400℃以上。如此高的温度，
bié shuō shì shuǐ jiù lián lǚ hé xī dōu huì bèi shài huà
别说是水，就连铝和锡都会被晒化，
suǒ yǐ shuǐ xīng shang gēn běn jiù bù kě néng yǒu shuǐ cún zài
所以水星上根本就不可能有水存在。
dàn shì měi guó tiān wén xué jiā yòng jǐ shí ge tiān wén wàng
但是，美国天文学家用几十个天文望
yuǎn jìng duì shuǐ xīng jìn xíng le guān cè dé chū le yī ge lìng rén zhèn jīng de jié lùn zài tài
远镜对水星进行了观测，得出了一个令人震惊的结论：在太
yáng cóng wèi zhào shè dào de yī xiē shān gǔ hé huǒ
阳从未照射到的一些山谷和火
shān kǒu nèi zài líng xià de dì fang kě
山口内，在零下170℃的地方可
néng yǒu bīng shān cún zài tā men kě néng shì yǔ
能有冰山存在，它们可能是宇
zhòu zhōng de huì xīng yǔ shuǐ xīng zhuàng jī hòu xíng
宙中的彗星与水星撞击后形
chéng de chǎn wù dàn shì yóu yú shuǐ xīng biǎo
成的产物。但是，由于水星表
miàn wēn dù tài gāo rén lèi xiàng shuǐ xīng fā shè
面温度太高，人类向水星发射
de tài kōng tàn cè qì shù liàng yǒu xiàn suǒ yǐ zhè
的太空探测器数量有限，所以这
ge jié lùn bìng méi yǒu dé dào què qiè de zhèng shí
个结论并没有得到确切的证实。
shuǐ xīng shang shì bù shì zhēn de yǒu bīng chuān cún
水星上是不是真的有冰川存
zài zhè ge mí hái yǒu dài yú kē xué jiā jìn yī
在，这个谜还有待于科学家进一
bù guān chá yán jiū
步观察研究。

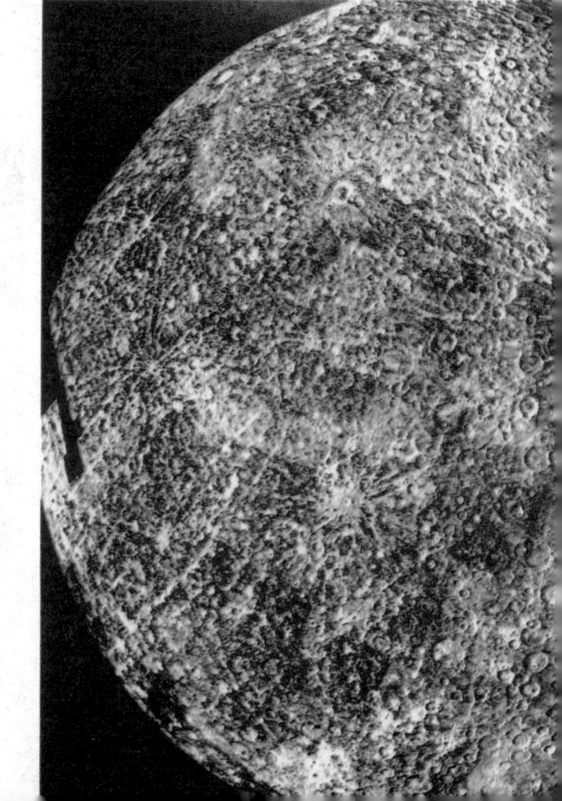
水星上真的有冰川吗?

jīn xīng shang yǒu wú dà hǎi zhī mí

金星上有无大海之谜

jīn xīng shang yǒu xǔ duō yǔ dì qiú xiāng sì de dì mào rú píng yuán xiá gǔ gāo shān
金星上有许多与地球相似的地貌，如平原、峡谷、高山、
shā mò suǒ yǐ rén men tuī cè jīn xīng shang kě néng yě yǒu dà hǎi rú guǒ yǒu dà hǎi de huà
沙漠，所以人们推测，金星上可能也有大海，如果有大海的话，
jiù kě néng yǒu shēng wù cún zài dàn zài shì jì nián dài sū lián de jīn xīng hào xì liè
就可能有生物存在。但在20世纪70年代，苏联的“金星号”系列
fēi chuán zài jīn xīng shang zhuó lù tuī fān le jīn xīng shang yǒu dà hǎi de jiǎ shuō dào le nián
飞船在金星上着陆，推翻了金星上有大海的假说。到了80年
dài měi guó de yī xiē kē xué jiā rèn wéi jīn xīng shang què
代，美国的一些科学家认为金星上确
shí cún zài guò dà hǎi bù guò hòu lái yòu xiāo shī le tā
实存在过大海，不过后来又消失了。他
men rèn wéi zài jīn xīng de zǎo nián tā de nèi bù céng sàn
们认为，在金星的早年，它的内部曾散
fā guò xiàng yī yǎng huà tàn nà yàng de qì tǐ yóu yú zhè xiē
发过像一氧化碳那样的气体，由于这些
qì tǐ yǔ shuǐ de xiāng hù zuò yòng bǎ jīn xīng biǎo miàn de shuǐ
气体与水的相互作用，把金星表面的水
xiāo hào diào le ér lìng wài de yī xiē kē xué jiā zé rèn
消耗掉了。而另外的一些科学家则认
wéi jīn xīng shang gēn běn jiù bù céng cún
为，金星上根本就不曾存
zài guò dà hǎi jīng tàn cè qì tàn cè
在过大海。经探测器探测
biǎo míng jīn xīng biǎo miàn méi yǒu rèn hé
表明，金星表面没有任何
yí liú wù biǎo míng zhè lǐ céng jīng yǒu guò
遗留物表明这里曾经有过
hǎi yáng kàn lái jīn xīng shang shì fǒu
海洋。看来，金星上是否
zhēn de cún zài guò dà hǎi zhè ge mí
真的存在过大海，这个谜
xiàn zài hái wú fǎ jiě kāi
现在还无法解开。

金星是离地球最近的行星。

既然金星也和地球一样有陡峭的高原，那金星上是否也有大海呢？

金星的卫星失踪之谜

1686年，法国著名天文学家卡西尼宣布发现了金星卫星。这一发现轰动一时，许多人也观测到了这颗不同寻常的卫星。因此，在卡西尼逝世（1712年）后，“金星有卫星”这一观点似乎已成定论。但不可思议的是，到了1764年后，人们却怎么也找不到这颗卫星的踪影了！因此有人认为，卡西尼的“发现”很可能是幻觉造成的假象。然而更多的人认为，不能因为后来找不到就否定前人的发现，尤其是对卡西尼这样著名的天文学家的发现更应谨慎对待。所以，认为金星卫星的发现只是一个错觉似乎难以让人信服。但如果金星的确有过卫星，那它怎么会不知去向了呢？它是怎么消失的呢？这个问题至今没有得到科学的解释，还等待着有志者去揭开。

月球是地球的卫星，那金星的卫星在哪里呢？

金星表面图像

jīn xīng biǎo miàn de shén mì wù tǐ zhī mí

金星表面的神秘物体之谜

guò qù rén men yī zhí rèn wéi jīn xīng shang méi yǒu shēng mìng cún zài dàn shì sū lián de yī sōu wú rén tài kōng chuán què pāi xià le yī zǔ jīng rén de zhào piàn zhào piàn xiǎn shì jīn xīng shang yǒu yī xiē shén mì de wù tǐ yǒu de kē xué jiā rèn wéi tā men shì chéng shì de yí zhǐ zhè xiē chéng shì de xíng zhuàng wéi mǎ chē lún xíng jū yú hé xīn de lún zhóu jiù shì dà dū huì ér qiě hái yǒu gōng lù bǎ měi ge chéng shì lián jiē qǐ lái xiāo xī yī chuán chū lì jí yǐn qǐ le hōng dòng yóu yú zhào piàn de qīng xī dù bù gāo rén men bìng bù néng kàn qīng zhào piàn zhōng wù tǐ de xíng zhuàng suǒ yǐ yǒu rén rèn wéi jīn xīng shang gēn běn jiù méi yǒu chéng shì zhè xiē zhào piàn shì yóu dà qì gān rǎo xíng chéng de xū huàn de yǐng xiàng hái yǒu rén rèn wéi shì tài kōng chuán shang de yí qì fā shēng le gù zhàng cái pāi xià le zhè xiē zhào piàn jīn xīng biǎo miàn de wù tǐ jiū jìng shì shén me ne rú guǒ tā men zhēn de shì chéng shì nà tā men shì shuí jiàn zào de ne rú guǒ bù shì chéng shì nà zhè xiē wù tǐ dào dǐ shì shén me zhè yī qiè dōu shì ge mí

过去，人们一直认为金星上没有生命存在。但是，苏联的一艘无人太空船却拍下了一组惊人的照片。照片显示，金星上有一些神秘的物体。有的科学家认为，它们是城市的遗址。这些城市的形状为马车轮形，居于核心的轮轴就是大都会，而且还有公路把每个城市连接起来。消息一传出，立即引起了轰动。由于照片的清晰度不高，人们并不能看清照片中物体的形状。所以有人认为，金星上根本就没有城市，这些照片是由大气干扰形成的虚幻的影像；还有人认为，是太空船上的仪器发生了故障，才拍下了这些照片。金星表面的物体究竟是什么呢？如果它们真的是城市，那它们是谁建造的呢？如果不是城市，那这些物体到底是什么？这一切都是个谜。

神秘莫测的金星

金星北半球地貌

jīn xīng shang xiàn zài hái yǒu huó huǒ shān ma
金星上现在还有活火山吗

chū lüè yī kàn jīn xīng sì hū shì dì qiú de luán shēng jiě mèi tā de tǐ jī zhì
初略一看，金星似乎是地球的“孪生姐妹”，它的体积、质
liàng mì dù gòu chéng chéng fèn shèn zhì yǔ tài yáng de jù lí dōu hé dì qiú jìn sì suǒ yǐ
量、密度、构成 成分甚至与太阳的距离都和地球近似，所以
rén lèi duì jīn xīng chōng mǎn le hào qí bìng xiàng tā fā shè le hěn duō yǔ zhòu tàn cè qì měi
人类对金星充满了好奇，并向它发射了很多宇宙探测器。美
guó de mài zhé lún hào tàn cè qì de chéng xiàng léi dá fā xiàn jīn xīng biǎo miàn de dà bù
国的“麦哲伦号”探测器的成像雷达发现，金星表面的大部
fen dì qū dōu bèi yán jiāng liú suǒ fù gài qí zhōng yǒu jǐ ge jù dà de dùn zhuàng huǒ shān kē
分地区都被岩浆流所覆盖，其中有几个巨大的盾状火山。科
xué jiā men yóu cǐ rèn wéi jīn xīng céng jīng shì tài yáng xì zhōng huǒ shān huó dòng zuì pín fán de xíng
学家们由此认为，金星曾经是太阳系中火山活动最频繁的行
xīng xiàn zài tōng guò duì jīn xīng de guān cè biǎo míng jīn xīng dà qì zhōng de yǒu dú qì tǐ liú
星。现在，通过对金星的观测表明，金星大气中的有毒气体硫
hái zài bù duàn zēng jiā suǒ yǐ wǒ men zhǐ néng jiàn jiē de tuī cè
还在不断增加，所以我们只能间接地推测
jīn xīng shang de huǒ shān kě néng hái zài bào fā dàn shì mù qián
金星上的火山可能还在爆发，但是目前
wǒ men hái méi yǒu huò dé jīn xīng huǒ shān zhèng zài pēn fā de zhí
我们还没有获得金星火山正在喷发的直
jiē zhèng jù suǒ yǐ xiàn zài jīn xīng shang shì fǒu hái yǒu huó
接证据。所以，现在金星上是否还有活
huǒ shān cún zài réng rán shì yī ge mí
火山存在，仍然是一个谜。

核
幔
壳

金星的结构

第一张金星地图的拍摄者——“麦哲伦号”探测器

jīn xīng shang de nóng wù zhī mí

金星上的浓雾之谜

金星的大气层中含有大量二氧化碳，它可以反射太阳光，从而使金星成为了九大行星中最亮的一颗。图为被蛾眉月遮掩了一角的金星。

jīn xīng jù lí dì qiú zhǐ yǒu
金星距离地球只有4100
wàn qiān mǐ shì lí dì qiú zuì jìn de
万千米，是离地球最近的
yī kē xíng xīng rán ér yóu yú jīn
一颗行星。然而，由于金
xīng zhōu wéi yǒu yī céng nóng mì de dà qì
星周围有一层浓密的大气
zǔ dǎng zhe rén lèi de shì xiàn shǐ wǒ
阻挡着人类的视线，使我
men zhì jīn dōu nán yǐ kàn qīng tā de zhēn
们至今都难以看清它的真
miàn mù wèi shén me jīn xīng shang huì yǒu
面目。为什么金星上会有
nóng wù cún zài ne jīng guò sū lián de
浓雾存在呢？经过苏联的
jīn xīng hé jīn xīng liǎng ge
“金星11”和“金星12”两个
tàn cè qì tàn cè fā xiàn jīn xīng dà
探测器探测发现，金星大
qì zhōng yǒu dà liàng yà qì qí hán liàng
气中有大量氩气，其含量
gāo yú dì qiú jìn bèi lìng wài
高于地球近300倍。另外，
jīn xīng gāo kōng zhōng hái yǒu shén mì de
金星高空中还有神秘的
fàng diàn xiàn xiàng dàn shì wèi shén me
放电现象。但是，为什么
jīn xīng dà qì zhōng hán yǒu rú cǐ gāo de
金星大气中含有如此高的
yà tā hé nóng wù de xíng chéng yǒu shén
氩，它和浓雾的形成有什
me guān xì ne zhè xiē wèn tí zhì jīn
么关系呢？这些问题至今
yě méi yǒu zhǔn què de dá àn tā men
也没有准确的答案，它们
réng shì yǔ zhòu zhōng de wèi jiě zhī mí
仍是宇宙中的未解之谜。

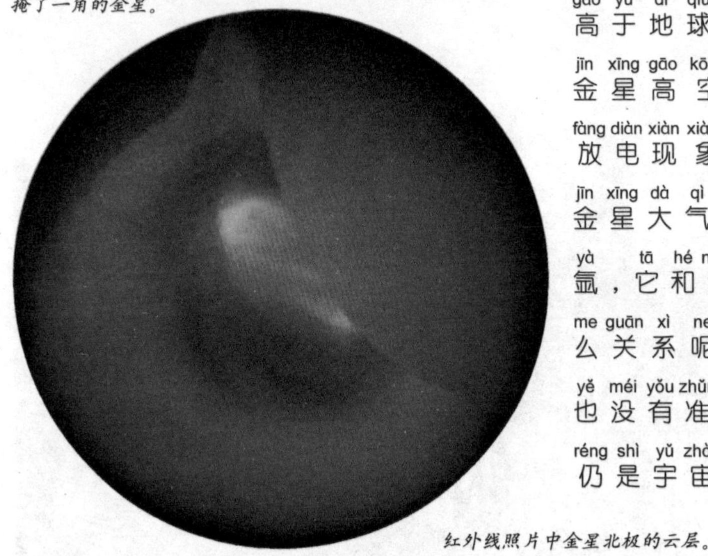

红外线照片中金星北极的云层。

jīn xīng nì xiàng zì zhuàn zhī mí

金星逆向自转之谜

zài tài yáng xì de jiǔ dà xíng xīng zhōng zhǐ yǒu jīn xīng de zì zhuàn fāng xiàng tóng qí tā xíng
在太阳系的九大行星中，只有金星的自转方向同其他行
xīng de zì zhuàn fāng xiàng bù tóng yīn cǐ kē xué jiā men chēng zhè zhǒng xiàn xiàng wéi nì xiàng zì
星的自转方向不同，因此科学家们称这种现象为“逆向自
zhuàn jīn xīng de nì xiàng zì zhuàn shì zěn yàng xíng chéng de ne yǒu de kē xué jiā rèn wéi
转”。金星的逆向自转是怎样形成的呢？有的科学家认为，
měi gè xíng xīng de zì zhuàn qíng kuàng zhī suǒ yǐ huì bù tóng shì yóu yī xiē ǒu rán yīn sù zào chéng
每个行星的自转情况之所以会不同，是由一些偶然因素造成
de bǐ rú dāng yī xiē xīng zǐ pèng zhuàng le mǒu ge xíng xīng tāi hòu jiù huì duì hòu
的。比如，当一些“星子”碰撞了某个“行星胎”后，就会对后
lái xíng chéng de xíng xīng de zì zhuàn zào chéng yǐng xiǎng jīn xīng kě néng jiù shòu dào le guǐ dào nèi cè
来形成的行星的自转造成影响。金星可能就受到了轨道内侧
yī ge yǔ yuè qiú chà bù duō dà xiǎo de xīng zǐ de pèng zhuàng nà ge xīng zǐ de zì
一个与月球差不多大小的“星子”的碰撞，那个“星子”的自
zhuàn shì nì xiàng de tā shǐ jīn xīng de zì zhuàn yóu yuán lái de shùn xiàng biàn chéng nì xiàng zhè
转是逆向的，它使金星的自转由原来的顺向变成逆向。这
zhǒng jiě shì hé lǐ ma jīn xīng de nì xiàng zì zhuàn shì fǒu hái yǒu qí tā de yuán yīn yóu yú
种解释合理吗？金星的逆向自转是否还有其他的原因？由于
zhè ge wèn tí shè jí dào tài yáng xì qǐ yuán hé fā zhǎn de xiáng xì guò chéng suǒ yǐ yào jiě kāi
这个问题涉及到太阳系起源和发展的详细过程，所以要解开
zhè ge mí bìng fēi yì shì
这个谜并非易事。

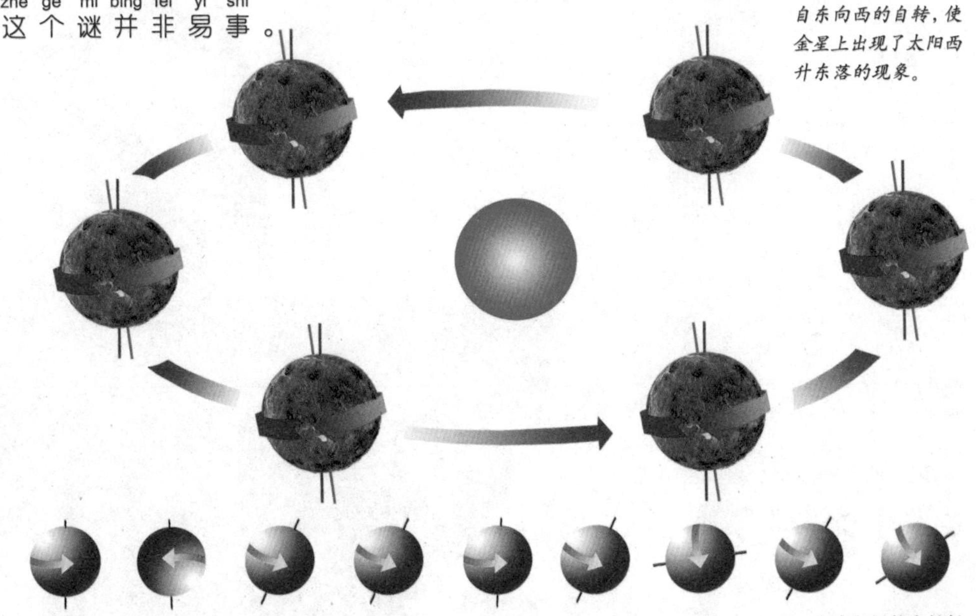

自东向西的自转，使金星上出现了太阳西升东落的现象。

九大行星的自转轴

dì qiú chéng yīn zhī mí
地球成因之谜

人类的家园——地球

qì jīn wéi zhǐ guān yú dì qiú qǐ yuán de xué
迄今为止，关于地球起源的学
shuō yǐ yǒu shù shí zhǒng zhī duō dàn dì qiú dào dǐ shì
说已有数十种之多，但地球到底是
zěn yàng qǐ yuán de què réng rán shì ge mí nián
怎样起源的却仍然是个谜。1745年，
fǎ guó kē xué jiā bù fēng tí chū le yī zhǒng jiǎ shuō
法国科学家布丰提出了一种假说。
tā rèn wéi yǔ zhòu zhōng gāng kāi shǐ zhǐ yǒu tài yáng
他认为，宇宙中刚开始只有太阳，
méi yǒu dì qiú yī kē tè dà de huì xīng ǒu rán
没有地球。一颗特大的彗星偶然
zhuàng xiàng le tài yáng cóng tài yáng shēn shang zhuàng xià
撞向了太阳，从太阳身上撞下
le yī xiē suì kuài zhè xiē suì kuài jiù wéi rào tài yáng
了一些碎块，这些碎块就围绕太阳
xuán zhuǎn zuì hòu xíng chéng le bāo kuò dì qiú zài nèi de
旋转，最后形成了包括地球在内的
jiǔ dà xíng xīng bàn ge duō shì jì yǐ hòu lìng yī wèi fǎ guó kē xué jiā lā pǔ lā sī zé rèn
九大行星。半个多世纪以后，另一位法国科学家拉普拉斯则认
wéi bāo kuò dì qiú zài nèi de zhěng gè tài yáng xì dōu qǐ yuán
为，包括地球在内的整个太阳系都起源
yú chén āi zhuàng de yuán shǐ xīng yún hé bù fēng de xué shuō
于尘埃状的原始星云。和布丰的学说
xiāng bǐ suī rán lā pǔ lā sī de xīng yún shuō gèng róng yì
相比，虽然拉普拉斯的星云说更容易
bèi dà duō shù rén suǒ jiē shòu dàn shì tā yě bào lù le
被大多数人所接受，但是，它也暴露了
yī xiē bù néng zì yuán qí shuō de xīn wèn
一些不能自圆其说的新问
tí dào mù qián wéi zhǐ hái méi yǒu
题。到目前为止，还没有
nǎ zhǒng xué shuō néng gòu zhǔn què de jiě
哪种学说能够准确地解
shì dì qiú de qǐ yuán zhī mí zhè hái
释地球的起源之谜，这还
xū yào rén lèi de bù duàn tàn suǒ
需要人类的不断探索。

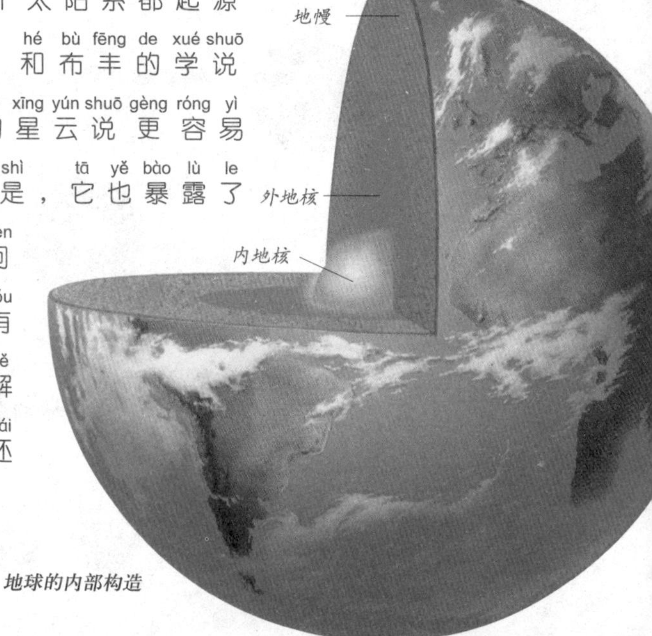

地球的内部构造

dì qiú yùn dòng zhī mí
地球运动之谜

dì qiú jiù xiàng yī ge nián lǎo tǐ ruò de bìng rén yī yàng, tā yī biān shí kuài shí màn、yáo yáo bǎi bǎi de wéi rào tài yáng yùn zhuǎn, yī biān yòu chàn chàn wēi wēi de zì jǐ xuán zhuǎn。zhèng shì zhè zhǒng bù tíng de gōng zhuàn hé zì zhuàn, dì qiú shang cái yǒu le jì jié biàn huà hé zhòu yè jiāo tì。

地球就像一个年老体弱的病人一样，它一边时快时慢、摇摇摆摆地围绕太阳运转，一边又颤颤巍巍地自己旋转。正是这种不停的公转和自转，地球上才有了季节变化和昼夜交替。

地球

太阳

地球的公转和自转

rán ér, shì shén me lì liàng qū shǐ dì qiú zhè yàng yǒng bù tíng xī de yùn dòng ne? dì qiú zuì chū yòu shì rú hé yùn dòng qǐ lái de ne? niú dùn tí chū le “dì yī tuī dòng lì” de guān diǎn。tā rèn wéi shì shàng dì shè jì bìng sù zào le zhè wán měi de yǔ zhòu yùn dòng jī zhì, qiě jǐ yǔ le dì yī cì dòng lì, shǐ tā men yùn dòng qǐ lái。zài niú dùn kàn lái, zhěng gè yǔ zhòu tiān tǐ de yùn dòng jiù xiàng shì shàng hǎo le fā tiáo de jī xiè, zhǔn què wú wù, wán měi wú quē。dàn shì, yòng xiàn zài de kē xué guān diǎn lái kàn, zhè xiǎn rán shì wéi bèi jī běn kē xué yuán lǐ de。nà me, dì qiú yùn dòng zhī mí de mí dǐ jiū jìng shì shén me? xiāng xìn zài bù yuǎn de jiāng lái, zhè ge wèn tí yī dìng huì yǒu zhèng què de dá àn。

然而，是什么力量驱使地球这样永不停息地运动呢？地球最初又是如何运动起来的呢？牛顿提出了“第一推动力”的观点。他认为是上帝设计并塑造了这完美的宇宙运动机制，且给予了第一次动力，使它们运动起来。在牛顿看来，整个宇宙天体的运动就像是上好了发条的机械，准确无误，完美无缺。但是，用现在的科学观点来看，这显然是违背基本科学原理的。那么，地球运动之谜的谜底究竟是什么？相信在不远的将来，这个问题一定会有正确的答案。

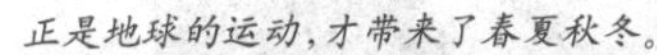
正是地球的运动，才带来了春夏秋冬。

地心深处为何物

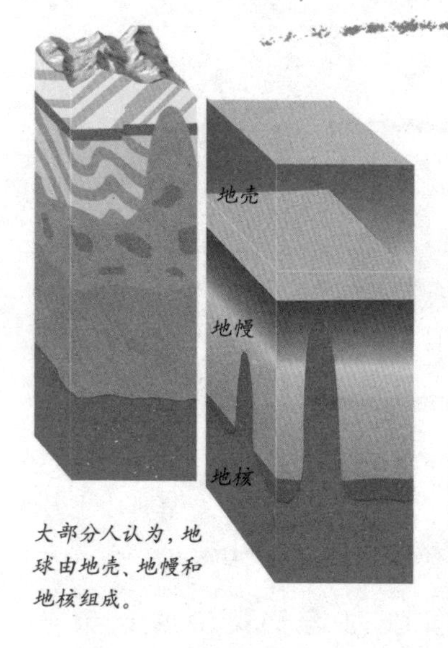

大部分人认为，地球由地壳、地幔和地核组成。

按照现在的科学技术水平，我们为采掘地下资源所打的矿井，最深的也只有10000米左右，而地球的半径足足有6300多千米，所以人类还没有能力“钻”到地心深处去看个究竟。因此，我们无法清楚地知道地心深处到底是什么。然而，根据很多来自地下深处的信息进行分析判断，大部分科学家认为，地球由地壳、地幔和地核组成。但是，有些人却不认同这种观点。他们认为，到目前为止，没有任何人亲眼看见过地幔和地核，所以，地球有可能是一个空心球体。甚至还有人认为，地心深处是外星人的家园，UFO就是他们的交通工具！总而言之，所有的这些说法并没有得到确凿有力的证据来证明，地心深处之谜，只停留在假说阶段。

地心深处有什么，还有待于人类进一步探索。

dì qiú jiū jìng gāo shòu jǐ hé
地球究竟高寿几何

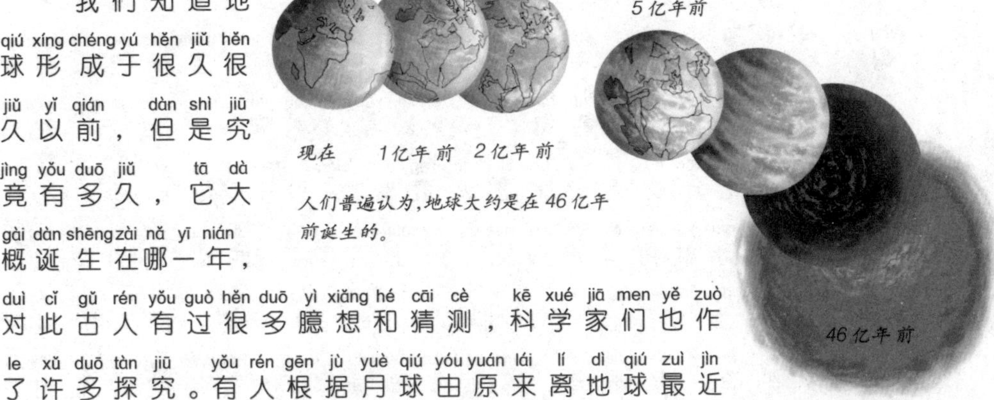

人们普遍认为，地球大约是在46亿年前诞生的。

wǒ men zhī dào dì qiú xíng chéng yú hěn jiǔ hěn jiǔ yǐ qián， dàn shì jiū jìng yǒu duō jiǔ， tā dà gài dàn shēng zài nǎ yī nián， duì cǐ gǔ rén yǒu guò hěn duō yì xiǎng hé cāi cè， kē xué jiā men yě zuò le xǔ duō tàn jiū。 yǒu rén gēn jù yuè qiú yóu yuán lái lí dì qiú zuì jìn shí de wèi zhì tuì dào xiàn zài de wèi zhì suǒ xū de shí jiān， tuī suàn chū dì qiú nián líng yuē wéi 40 yì nián； ér yǒu de rén zé rèn wéi， àn zhào xīng yún shuō de guān diǎn， tài yáng xì de tiān tǐ shì yóu tóng yī yuán shǐ xīng yún zài tóng yī shí jiān duàn nèi níng jié ér chéng de， yīn cǐ， dì qiú de nián líng yīng gāi hé yuè qiú xiāng jìn， yě wéi 46 yì nián。

我们知道地球形成于很久很久以前，但是究竟有多久，它大概诞生在哪一年，对此古人有过很多臆想和猜测，科学家们也作了许多探究。有人根据月球由原来离地球最近时的位置退到现在的位置所需的时间，推算出地球年龄约为40亿年；而有的人则认为，按照星云说的观点，太阳系的天体是由同一原始星云在同一时间段内凝结而成的，因此，地球的年龄应该和月球相近，也为46亿年。

suī rán yǐ shàng zhè xiē shuō fǎ dōu yǒu gè zì de dào lǐ， dàn tā men dōu shì jiàn jiē tuī cè dé chū de jié lùn， bù zú yǐ ràng rén xìn fú。 dào mù qián wéi zhǐ， rén men hái méi yǒu què záo de zhèng jù， lái zhèng shí dì qiú de nián líng， zhè ge mí hái yǒu dài yú rén lèi jìn xíng gèng shēn de tàn suǒ。

虽然以上这些说法都有各自的道理，但它们都是间接推测得出的结论，不足以让人信服。到目前为止，人们还没有确凿的证据，来证实地球的年龄，这个谜还有待于人类进行更深的探索。

从月球上看到的地球全貌

dì qiú hé shí shòu zhōng zhèng qǐn

地球何时寿终正寝

gēn jù tuī cè, dì qiú yǐ jīng "cún huó" le 46 yì nián, dàn tā dào dǐ néng huó duō jiǔ ne? yǒu de kē xué jiā zhǐ chū, shí jì shang dì qiú zǎo jiù zǒu xiàng le màn cháng de miè wáng zhī lù, zuì zhōng tā jiāng huì bèi tài yáng tūn shì。zhè xiē kē xué jiā dǎ le yī ge bǐ fang: jiǎ shè jiāng xiàn zài dì qiú 46 yì nián de lì shǐ bǐ yù chéng líng chén 4 diǎn 30 fēn zhè yī shí jiān, nà me dào líng chén 5 diǎn, dì qiú jiù jiāng kāi shǐ huǐ miè; dào shàng wǔ 8 diǎn, dì qiú shang de hǎi yáng jiù jiāng kāi shǐ zhēng fā; dào zhōng wǔ 12 diǎn, dì qiú jiāng bèi tài yáng tūn shì。ér yǒu de kē xué jiā rèn wéi, tài yáng yǒu yī kē bàn xīng, zhè kē bàn xīng měi gé 2600 wàn nián jiù huì lái dào tài yáng fù jìn, tā de qiáng dà yǐn lì huì shǐ dà liàng huì xīng zài tài yáng xì nèi héng chōng zhí zhuàng。rú guǒ yī kē dà huì xīng yǔ dì qiú xiāng zhuàng, nà dì qiú hěn kě néng jiù huì "fěn shēn suì gǔ", chè dǐ miè wáng。suī rán guān yú dì qiú miè wáng de fāng shì hé shí jiān yǒu duō zhǒng cāi cè, dàn dì qiú jiū jìng huì zài hé shí huǐ miè, zhì jīn réng shì yī ge wèi jiě zhī mí。

根据推测，地球已经“存活”了46亿年，但它到底能活多久呢？有的科学家指出，实际上地球早就走向了漫长的灭亡之路，最终它将会被太阳吞噬。这些科学家打了一个比方：假设将现在地球46亿年的历史比喻成凌晨4点30分这一时间，那么到凌晨5点，地球就将开始毁灭；到上午8点，地球上的海洋就将开始蒸发；到中午12点，地球将被太阳吞噬。而有的科学家认为，太阳有一颗伴星，这颗伴星每隔2600万年就会来到太阳附近，它的强大引力会使大量彗星在太阳系内横冲直撞。如果一颗大彗星与地球相撞，那地球很可能就会“粉身碎骨”，彻底灭亡。虽然关于地球灭亡的方式和时间有多种猜测，但地球究竟会在何时毁灭，至今仍是一个未解之谜。

如果地球毁灭了，人类又将在何处安身呢？

如此生机盎然的地球真的会毁灭吗？

生命起源于地球本身吗

地球生命有可能来源于宇宙。

你有没有想过，在我们这个生机勃勃的地球上，所有的生命是怎样开始的，它们是起源于地球本身，还是来源于宇宙空间呢？大多数科学家认为，在大约38亿年前，当地球上的陆地还是一片荒芜时，海洋中就开始孕育着最原始的细胞，并逐渐演化，形成了生命的最初形式。但是，有的科学家在彗星尘埃中发现了一种物质，这种物质在生命形成过程中起着重要的作用。所以他们认为，地球生命来源于宇宙。德国与英国的科学家们最近又提出了一种新的假说，他们认为，生命最初起源于海底含有硫化铁的岩石！目前，关于地球生命起源的假说有很多种，但究竟哪一种才是生命起源的真正原因，这个谜团还等待着人类去继续破解。

大多数人认为，生命起源于大海。

dì qiú shang de shuǐ lái zì hé fāng

地球上的水来自何方

地球表面覆盖着大量的水。

cóng tài kōng huí lái de yǔ háng yuán men shuō zài tài kōng zhōng kàn qù dì qiú sàn fā zhe wèi lán sè de guāng máng fēi cháng měi lì zhè shì yīn wèi dì qiú biǎo miàn fù gài zhe dà liàng de shuǐ nà me zhè me duō de shuǐ shì cóng nǎ lǐ lái de ne xǔ duō xué zhě rèn wéi zhè xiē shuǐ shì dì qiú běn shēn jiù yǒu de zǎo zài dì qiú gāng gāng xíng chéng de shí hou shuǐ jiù yǐ jié jīng tǐ de xíng shì cún zài yú dì xià yán shí zhōng hòu lái yǒu de kē xué jiā tí chū le lìng rén ěr mù yī xīn de jiǎ shuō tā men rèn wéi dì qiú shang de shuǐ shì tài yáng fēng de jié zuò dì qiú cóng tài yáng fēng zhōng xī shōu le yì dūn de qīng zhè xiē qīng hé dì qiú shang de yǎng jié hé jiù xíng chéng le dà liàng de shuǐ xiàn zài yǒu de kē xué jiā tí chū le gèng jīng rén de xīn lǐ lùn dì qiú shang de shuǐ lái zì huì xīng lǐ yóu shì kē xué jiā men zài yī kuài yǔn shí li zhǎo dào le hán yǒu shuǐ de jīng tǐ suī rán guān yú shuǐ de qǐ yuán yǒu duō zhǒng shuō fǎ dàn dì qiú shang de shuǐ jiū jìng lái zì hé fāng xiàn zài réng rán chǔ zài jiǎ shuō jiē duàn hái děng dài zhe rén lèi qù pò jiě

从太空回来的宇航员们说，在太空中看去，地球散发着蔚蓝色的光芒，非常美丽，这是因为地球表面覆盖着大量的水。那么，这么多的水是从哪里来的呢？许多学者认为，这些水是地球本身就有的。早在地球刚刚形成的时候，水就以结晶体的形式存在于地下岩石中。后来，有的科学家提出了令人耳目一新的假说。他们认为，地球上的水是太阳风的杰作。地球从太阳风中吸收了17亿吨的氢，这些氢和地球上的氧结合，就形成了大量的水。现在，有的科学家提出了更惊人的新理论：地球上的水来自彗星！理由是，科学家们在一块陨石里找到了含有水的晶体。虽然关于水的起源有多种说法，但地球上的水究竟来自何方，现在仍然处在假说阶段，还等待着人类去破解。

有的科学家认为，地球上的水是太阳风的杰作。

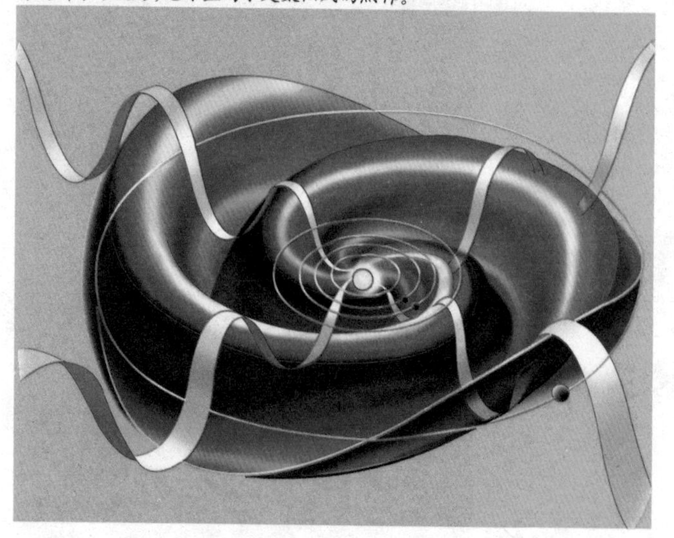

地球形状变化之谜

人类对地球的探索永无止境。

古时候，人们认为我们的世界“天圆地方”。现在，随着科学技术的不断发展，人类已经认识到地球是一个两极稍扁、赤道略鼓的球体。但是，地球从诞生起到现在，一刻也没有停止过变化。它究竟是在变大，还是变小呢？科学家们的观点各不相同。有人认为，地球是从太阳里分裂出来的，它起初也是一团炽热的熔体，经过长时间的冷却凝聚后，就收缩成有硬壳的固体了，因此地球是在缩小。还有人认为，经过准确的测量，地球现在的半径有变长的迹象，好像一个人的腰变粗了一样，地球也“发福”了。这就足以证明地球是在变大。另外有些人认为，地球上的物质会不停地积累和散失，很多时候它都会倾向一种平衡，所以一时很难分清地球的形状变化。由此可以看出，地球究竟是在长大还是在缩小，这个问题现在还是一个谜。

地球究竟是在变大还是在变小，这个问题现在还是一个未解之谜。

dì qiú cí jí hù huàn zhī mí

地球磁极互换之谜

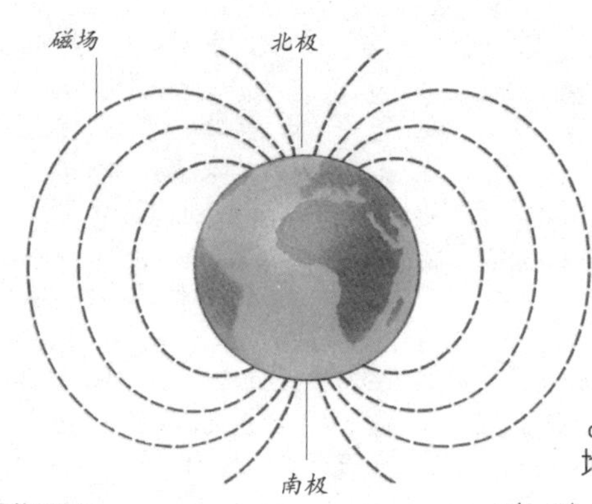

地球的磁场

dì qiú shì ge dà cí chǎng rán ér
地球是个大磁场，然而
dì qiú de cí jí què bìng fēi gèn gǔ bù biàn
地球的磁极却并非亘古不变。
zài dì qiú shang de mǒu xiē jiǎo luò réng rán
在地球上的某些角落，仍然
bǎo chí zhe yǔ xiàn dài cí chǎng xiāng fǎn de jí
保持着与现代磁场相反的极
xìng yě jiù shì shuō zài zhè xiē dì fang
性。也就是说，在这些地方，
dì qiú de nán cí jí yǔ běi cí jí huì duì huàn
地球的南磁极与北磁极会对换
wèi zhì kē xué jiā bǎ zhè zhǒng xiàn xiàng chēng wéi cí
位置，科学家把这种现象称为“磁
jí dào zhuǎn tōng guò shēn rù yán jiū kē xué jiā men fā xiàn zì dì qiú dàn shēng yǐ lái
极倒转”。通过深入研究，科学家们发现：自地球诞生以来，
cí jí dào zhuǎn de xiàn xiàng céng jīng duō cì fā shēng jiū jìng shì shén me yuán yīn shǐ dì cí chǎng
磁极倒转的现象曾经多次发生。究竟是什么原因使地磁场
fāng xiàng fā shēng le zhè zhǒng fǎn fǎn fù fù de biàn huà ne kē xué jiā men tí chū le gè zhǒng jiǎ
方向发生了这种反反复复的变化呢？科学家们提出了各种假
shè yǒu rén rèn wéi zhè yǔ dì qiú zhuī suí tài yáng zuò huán rào yín hé xì zhōng xīn de yùn dòng yǒu
设：有人认为这与地球追随太阳作环绕银河系中心的运动有
guān yǒu rén zé rèn wéi shì xiǎo xíng xīng zhuì luò dì qiú
关；有人则认为是小行星坠落地球
shí zào chéng de jù dà zhuàng jī yǐn qǐ le dì
时造成的巨大撞击引起了地
cí jí dào zhuǎn hái yǒu rén tí chū dì cí
磁极倒转；还有人提出地磁
dào zhuǎn shì dì qiú běn shēn biàn huà de jié
倒转是地球本身变化的结
guǒ hěn xiǎn rán zhè xiē jiǎ shuō
果……很显然，这些假说
dōu quē fá bì xū de zhèng jù suǒ yǐ
都缺乏必需的证据，所以
qì jīn wéi zhǐ dì qiú cí jí hù huàn de
迄今为止，地球磁极互换的
yuán yīn réng rán shì ge mí
原因仍然是个谜。

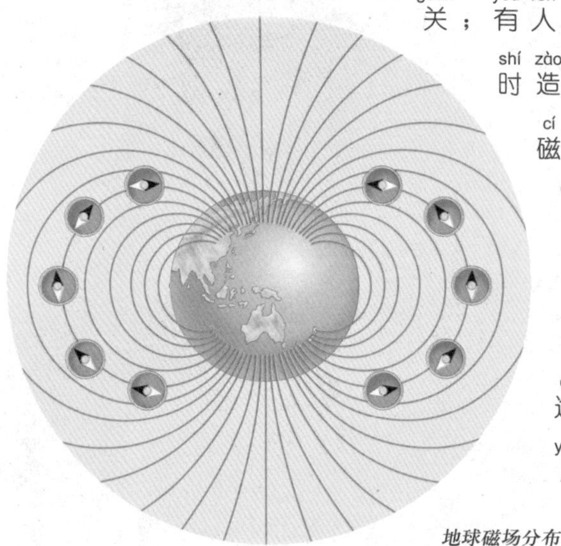
地球磁场分布

lái lì bù míng de rén zào dì qiú wèi xīng
来历不明的人造地球卫星

sū lián kē xué jiā céng pī lù guò yī tiáo jīng rén de
苏联科学家曾披露过一条惊人的
xiāo xi zài dì qiú guǐ dào shang yùn xíng zhe yī kē fēi rén
消息：在地球轨道上，运行着一颗非人
lèi zhì zào de jù dà wèi xīng gēn jù guān cè zhè kē wèi
类制造的巨大卫星！根据观测，这颗卫
xīng yǒu zhe zuàn shí bān de wài xíng tǐ jī fēi cháng dà tā
星有着钻石般的外形，体积非常大。它
jī hū kě yǐ sǎo miáo hé fēn xī dì qiú shang de měi yī yàng
几乎可以扫描和分析地球上的每一样
dōng xi ér qiě tā hái néng gòu bǎ tàn cè de jié guǒ
东西。而且，它还能够把探测的结果
chuán sòng dào yáo yuǎn de tài kōng zhōng qù zhè yī qiè dōu biǎo
传送到遥远的太空中去。这一切都表
míng zhè kē wèi xīng bìng fēi tiān rán xíng chéng ér shì rén zào de guān yú zhè kē wèi xīng
明，这颗卫星并非天然形成，而是“人”造的。关于这颗卫星
de lái lì měi sū liǎng guó zhǎn kāi le jī liè de zhēng lùn zuì
的来历，美苏两国展开了激烈的争论。最
chū sū lián rèn wéi tā shì měi guó
初，苏联认为它是美国
mì mì zhì zào de wèi xīng ér měi
秘密制造的卫星；而美
guó rén jī hū yě zài tóng yī shí kè fā xiàn
国人几乎也在同一时刻发现
le tā bìng rèn wéi tā shì sū lián zhì zào de kě
了它，并认为它是苏联制造的。可
jīng guò liǎng guó gāo céng guān yuán hù tōng xìn xī zhī hòu shuāng fāng rèn
经过两国高层官员互通信息之后，双方认
dìng zhè kē wèi xīng chū zì dì sān zhě zài jīng guò guǎng fàn diào
定这颗卫星出自“第三者”。再经过广泛调
chá zhèng shí qí tā gè guó dōu méi yǒu fā shè guò zhè yàng yī kē wèi
查，证实其他各国都没有发射过这样一颗卫
xīng yīn cǐ zhè kē wèi xīng jiū jìng cóng hé ér lái dào xiàn zài yě
星。因此，这颗卫星究竟从何而来，到现在也
wú rén zhī xiǎo
无人知晓。

人类发射了各式各样的人造地球卫星。

地球上空的人造卫星

地球会变暖还是变冷

有人预言，冰川期的到来会使地球变冷。

早在1981年，科学家们就预言全球气候会变暖。但是，根据另一种说法，地球不是在变暖，因为一个新的冰期即将到来。仅在当时的苏联，就地球是变冷还是变暖这个问题，就存在着两种完全不同的意见。一些科学家认为：20世纪时，地球上的温度平均提高了1℃；到21世纪末还会变得更热，起码会提高2.5℃，飓风、台风和风暴将会袭击过去从未光顾过的城市。但另外一些科学家却不认同这一观点，他们对南极地带的冰层进行了钻探，钻到了几十万年前形成的冰层，并进行了研究。他们认为现在地球正处在温暖期，但在2000年以后，冰川时代就会到来。那时，芝加哥、巴黎、基辅、莫斯科将到处是一片冰川。全球气候到底是会变暖还是会变冷，这个问题到现在也没有人能够说得清。

城市人口密度大，气温高，容易导致气候变暖。

èr shí bā xīng xiù zhī mí
二十八星宿之谜

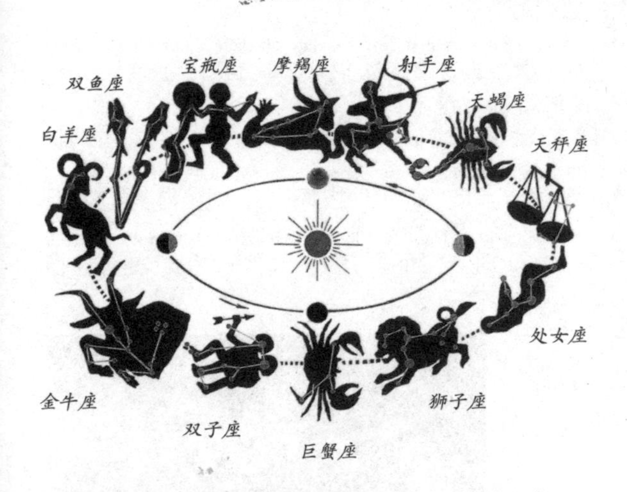

西方人将星空划分为88个星座,图为位于黄道的12个星座。

二十八星宿是我国古代对恒星的分类方法，它分布在地球的赤道和黄道带地区。在我国周代以前，人们就把星空划分为三垣四象二十八宿。三垣是北天极周围的三个区域，即紫微垣、太微垣和天市垣。四象分布于黄道近旁，环天一周。每象各分七段，称为“宿”，总共为二十八宿。然而，二十八星宿是如何划分的呢？我国宋代的科学家沈括认为，二十八星宿是沿黄道划分的，因为这28个标志星正好在黄道带的整数度上。而英国的科学家李约瑟则认为，二十八星宿是沿赤道划分的，这28个标志星正好是赤道的标准点。围绕二十八星宿之谜，古今中外的学者们众说纷纭，难以定论，这个谜团还等待着我们去破解。

我国古人把星空划分为三垣四象二十八宿。

地球物种灭绝之谜

2.5亿年前，地球上发生了重大的生物灭绝事件，它使大量的海底生物在短时间内灭绝，只剩下少量低级的生物。是什么原因导致地球上的生物突然走向了灭亡呢？一些科学家近日在南极发现了少量陨石碎片，据分析，它们很有可能是陨石碰撞的残留物。因为这次大碰撞发生在2.5亿年前，所以他们认为，这次陨石碰撞可能就是导致地球大部分生物灭绝的主要原因。还有一种观点认为，陨石碰撞地球可能会引发巨大的火山爆发，火山爆发改变了地球环境，由于生物不能适应变化了的生活环境，它们便逐步走上了死亡之路。虽然关于地球物种灭绝之谜的答案有多种说法，但真实情况究竟如何，还需要科学家们进行更深入的研究。

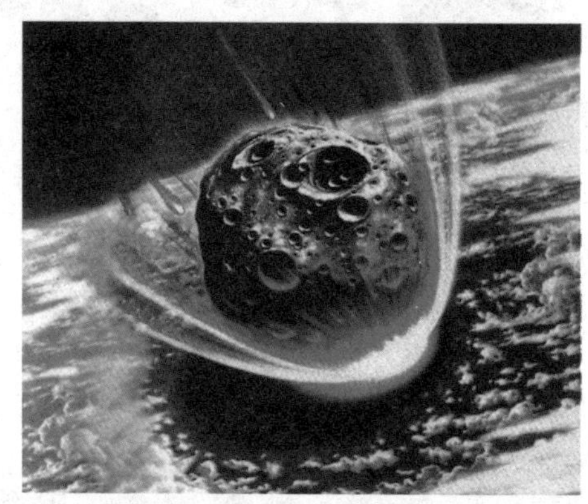

有的科学家认为，陨石碰撞可能就是导致地球大部分生物灭绝的主要原因。

火山爆发喷出的岩浆

yuè qiú shēn shì zhī mí
月球身世之谜

月球是我们地球唯一的卫星。

yuè qiú shì wǒ men dì qiú wéi yī de yī kē wèi xīng kě tā jiū jìng lái zì hé fāng tā dào dǐ shì zěn yàng xíng chéng de zhè xiē wèn tí yī zhí shì wǒ men nán yǐ lǐ jiě de mí guān yú yuè qiú de qǐ yuán cún zài zhe duō zhǒng jiǎ shuō qí zhōng yǒu yī zhǒng rèn wéi yuè qiú shì cóng dì qiú fēn liè chū qù de zài dì qiú xíng chéng de zǎo qī tā zì zhuàn de sù dù tè bié kuài hòu lái dì qiú dǐng duān bù fen de wù zhì zhú jiàn lóng qǐ zuì zhōng lí dì qiú yuǎn qù xíng chéng le yuè qiú ér lìng wài yī zhǒng guān diǎn zé rèn wéi yuè qiú yuán lái de shēn fen shì huán rào tài yáng yùn xíng de xiǎo xíng xīng hòu lái dì qiú de yǐn lì jiāng tā fú huò shǐ tā chéng wéi le zì jǐ de wèi xīng hái yǒu yī zhǒng guān diǎn rèn wéi yuè qiú hé dì qiú shì cóng tóng yī kuài yuán shǐ tài yáng xīng yún yǎn biàn xíng chéng de zhǐ bù guò dì qiú xíng chéng de shí jiān bǐ yuè qiú shāo wēi zǎo yī diǎn ér yǐ duì yú rén lèi lái shuō yuè qiú shì yī ge chōng mǎn le huàn xiǎng de shì jiè ér yuè qiú shēn shì zhī mí hái yǒu dài yú rén lèi de jì xù tàn suǒ

月球是我们地球唯一的一颗卫星，可它究竟来自何方？它到底是怎样形成的？这些问题一直是我们难以理解的谜。关于月球的起源，存在着多种假说。其中有一种认为，月球是从地球分裂出去的。在地球形成的早期，它自转的速度特别快。后来，地球顶端部分的物质逐渐隆起，最终离地球远去，形成了月球。而另外一种观点则认为，月球原来的“身份”是环绕太阳运行的小行星。后来，地球的引力将它俘获，使它成为了自己的卫星。还有一种观点认为，月球和地球是从同一块原始太阳星云演变形成的，只不过地球形成的时间比月球稍微早一点而已。对于人类来说，月球是一个充满了幻想的世界，而月球身世之谜，还有待于人类的继续探索。

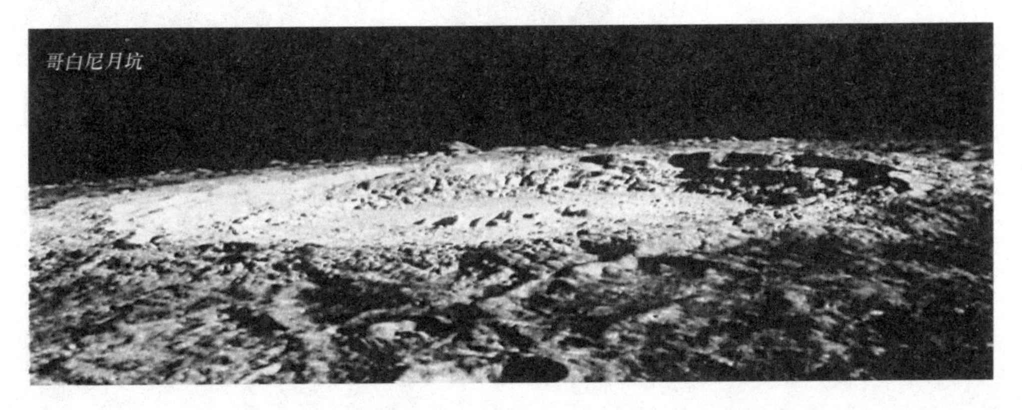
哥白尼月坑

yuè qiú nián líng zhī mí

月球年龄之谜

dà duō shù kē xué jiā rèn wéi yuè qiú de nián líng yīng gāi bǐ dì qiú yào xiǎo dàn lìng rén
大多数科学家认为，月球的年龄应该比地球要小。但令人
jīng yì de shì yǔ háng yuán ā mǔ sī tè lǎng zài yuè qiú biǎo miàn jiàng luò hòu tā jiǎn qǐ de
惊异的是，宇航员阿姆斯特朗在月球表面降落后，他捡起的
yán shí shì yì suì ér dì qiú shang zuì gǔ lǎo de yán shí zhǐ yǒu yì suì gēn jù zhè xiē
岩石是46亿岁，而地球上最古老的岩石只有37亿岁。根据这些
zhèng jù yǒu xiē kē xué jiā tí chū yuè qiú xíng chéng de shí jiān bǐ dì qiú zǎo ér yǒu de
证据，有些科学家提出，月球形成的时间比地球早。而有的
kē xué jiā gèng dà dǎn de rèn wéi yuè qiú gēn běn bù shì tài yáng xì de chéng yuán tā dàn shēng
科学家更大胆地认为，月球根本不是太阳系的成员，它诞生
zài yǔ zhòu zhōng de mǒu yī ge jiǎo luò li bù zhī
在宇宙中的某一个角落里，不知
jīng guò le duō shǎo shí guāng cái lái dào wǒ men tài
经过了多少时光，才来到我们太
yáng xì yīn wèi zài ā bō luó hào fēi
阳系。因为在“阿波罗12号”飞
chuán dài huí de yán shí biāo běn zhōng yǒu liǎng kuài
船带回的岩石标本中，有两块
yán shí de nián líng jìng shì yì suì ér wǒ men
岩石的年龄竟是200亿岁！而我们
xiàn zài tàn cè dào de yǔ zhòu de nián líng yě bù
现在探测到的宇宙的年龄也不
guò yì nián yě jiù shì shuō
过200亿年。也就是说，
yuè qiú bù dàn bǐ dì qiú tài yáng
月球不但比地球、太阳
gèng gǔ lǎo tā jī hū yǔ yǔ zhòu
更古老，它几乎与宇宙
tóng líng yóu cǐ kàn lái yuè qiú
同龄！由此看来，月球
de zhēn shí nián líng dí què shì yī ge
的真实年龄的确是一个
jù dà de mí tuán xiāng xìn zài bù
巨大的谜团。相信在不
jiǔ de jiāng lái wǒ men néng gòu zhǎo
久的将来，我们能够找
dào tā de dá àn
到它的答案。

月球究竟多少“岁”了？这个问题到现在还是一个谜。

“阿波罗17号”上的宇航员正在挖掘月球表面，采集岩石样品。

月球位置成因之谜

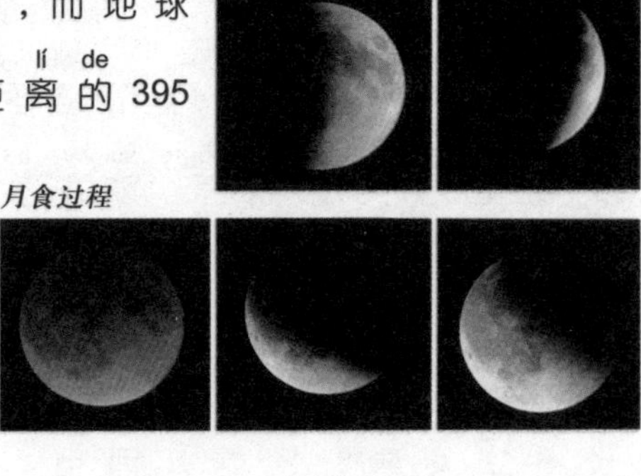

月食过程

太阳直径是月球直径的395倍，而地球至太阳的距离恰是地球至月球距离的395倍，正是这样一个巧合，才使我们在地球上看到的太阳和月亮仿佛一样大。从地球上看，两个几乎同样大小的天体，一个管白天，一个管黑夜，这在太阳系中还没有相同的例子。另外，月球的大小使它正好可以遮住太阳，造成日食，这不得不归功于月球“精确”的位置。那么，月球的位置到底是天然形成的，还是故意安排的呢？这个问题至今也没有定论。过去有一种假说认为，月球的位置是天然形成的。而现在的人们更情愿相信，月球的位置之所以巧妙而准确，是被故意安排的。这两种说法究竟是对还是错，这还有待于科学家们进行更加深入的研究。

日食

日全食

本影

半影

日偏食

日环食

伪本影

月食

月全食

月偏食

月球会是空心的吗

皎洁的月亮不知隐藏着多少秘密。

当“阿波罗12号”的宇航员乘登月舱回指令航时，他们用登月舱的上升段撞击了月球表面，随即发生了月震。在这次震动中，月球发出了长时间的晃动声，整个声音大约持续了一个小时，长得令人难以置信。而且，在震动结束后，这个声音还“余音袅袅”，经久不绝。科学家们认为，如果月球是实心的，那么这种撞击产生的声音不可能延续那么久。据此，有些科学家提出了一个大胆而离奇的假说：月球可能是空心的！他们还认为，月球一直是外星人的宇航站。

从此图可以看出，月球由月表、月核和月幔构成。但有些科学家却认为，月球是空心的。

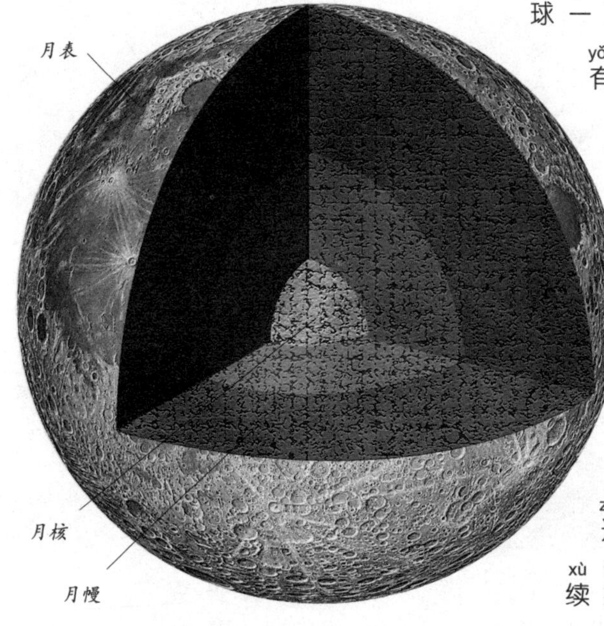

有人指出，如果月球真的是空心，还有外星人居住，那么月球的起源应该比地球晚，但这就和月球的年龄相矛盾。所以，月球究竟是空心还是实心，这个谜还有待于人类继续探索。

月球的洞口在哪里

20世纪初，基于对月球密度和重力的研究成果，部分科学家得出了“月球的内部为空洞”的结论，进而提出了“月球是宇宙飞船”这一假说。如果月球内部真是空洞的话，那么它的出入口在哪里呢？有的科学家认为，月球的某个环形山中就隐藏着大洞穴，这个大洞穴深入月球内200米，内壁像玻璃一样光滑。可是，“阿波罗号”宇宙飞船在6次登月和9次绕月飞行的过程中，都没有发现这样的洞口存在。月球真的是一个中空的宇宙飞船吗？如果是的话，那么通入这艘飞船的洞口究竟在哪里呢？这些问题至今也没有人能够准确回答，还有待于科学家们和宇航员们的深入探索和不懈努力。

月球

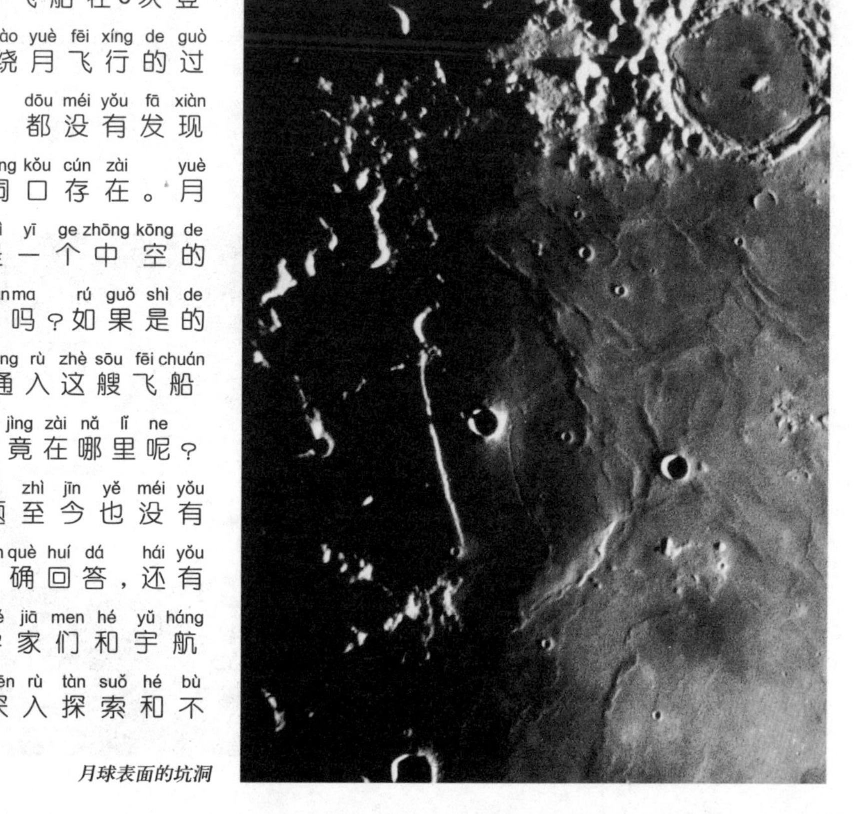

月球表面的坑洞

yuè qiú shang yǒu shuǐ cún zài ma

月球上有水存在吗

近看月球

如果月球上有水，那一定会为太空开发、登月旅行、月球基地建设带来很大的方便。因此，人们都渴望能在月球上找到水。然而，自1969年“阿波罗11号”宇宙飞船登月以来，人们从月面上带回了大量岩石标本。对这些岩石的分析表明，月球岩石中根本不含水分。于是，“月球上没有水”就成了定论。但美国天文学家对这一问题作出了挑战性的回答：月球上很可能有水。他们认为，在月球北极和南极的环形山中，有终年不见阳光的凹地，那里有可能蓄积着冰，而“阿波罗”宇宙飞船从没能到过那里。月球上真的有水吗？为了解开这个谜，美国准备再发射一颗月球轨道卫星，来考察月球两极是否有冰存在，相信这个谜底很快就会揭开。

月球上究竟有没有水，还需要人类的不断探索。

yuè qiú shang dào dǐ yǒu méi yǒu shēng mìng

月球上到底有没有生命

人类登上月球，寻找生命的存在。

suī rán yuè qiú shang méi yǒu shēng mìng de guān diǎn
虽然“月球上没有生命”的观点
yǐ chéng dìng lùn dàn réng rán yǒu rén xiāng xìn yuè qiú shang yǒu
已成定论，但仍然有人相信，月球上有
shēng mìng de jì xiàng nián yī jià míng jiào kān cè
生命的迹象。1967年，一架名叫“勘测
zhě hào de wú rén jià shǐ fēi chuán zài yuè qiú biǎo miàn zhuó
者3号”的无人驾驶飞船在月球表面着
lù zài wán chéng rèn wù zhī hòu yóu yú diàn chí yǐ jīng
陆。在完成任务之后，由于电池已经
hào wán tā jiù dāi zài le yuè qiú biǎo miàn sān nián
耗完，它就“待”在了月球表面。三年
hòu yǔ háng yuán men chāi xià le kān cè zhě hào shang
后，宇航员们拆下了“勘测者3号”上
de shè xiàng jī bìng bǎ tā dài huí le dì qiú jǐ ge yuè
的摄像机，并把它带回了地球。几个月
zhī hòu lìng rén jīng qí de shì qing fā shēng le shè xiàng jī nèi de yī xiǎo kuài pào mò sù liào
之后，令人惊奇的事情发生了：摄像机内的一小块泡沫塑料
zhōng jū rán zhǎng chū le xì jūn yóu yú yǔ háng yuán
中居然长出了细菌！由于宇航员
bìng méi yǒu jiē chù dào shè xiàng jī de nèi bù suǒ yǐ
并没有接触到摄像机的内部，所以
kě yǐ dé chū jié lùn shì shè xiàng jī de wài ké bǎo
可以得出结论，是摄像机的外壳保
hù le zhè xiē xì jūn rán ér zhè xiē xì jūn jiū
护了这些细菌。然而，这些细菌究
jìng shì cóng nǎr lái de shǐ zhōng méi yǒu rén néng
竟是从哪儿来的？始终没有人能
gòu shuō qīng chu rú guǒ tā lái zì yuè qiú
够说清楚。如果它来自月球，
nà yuè qiú shang shì bù shì zhēn de yǒu shēng mìng
那月球上是不是真的有生命
ne xiàn zài hái méi yǒu rén néng gòu jiě kāi
呢？现在还没有人能够解开
zhè ge mí tuán
这个谜团。

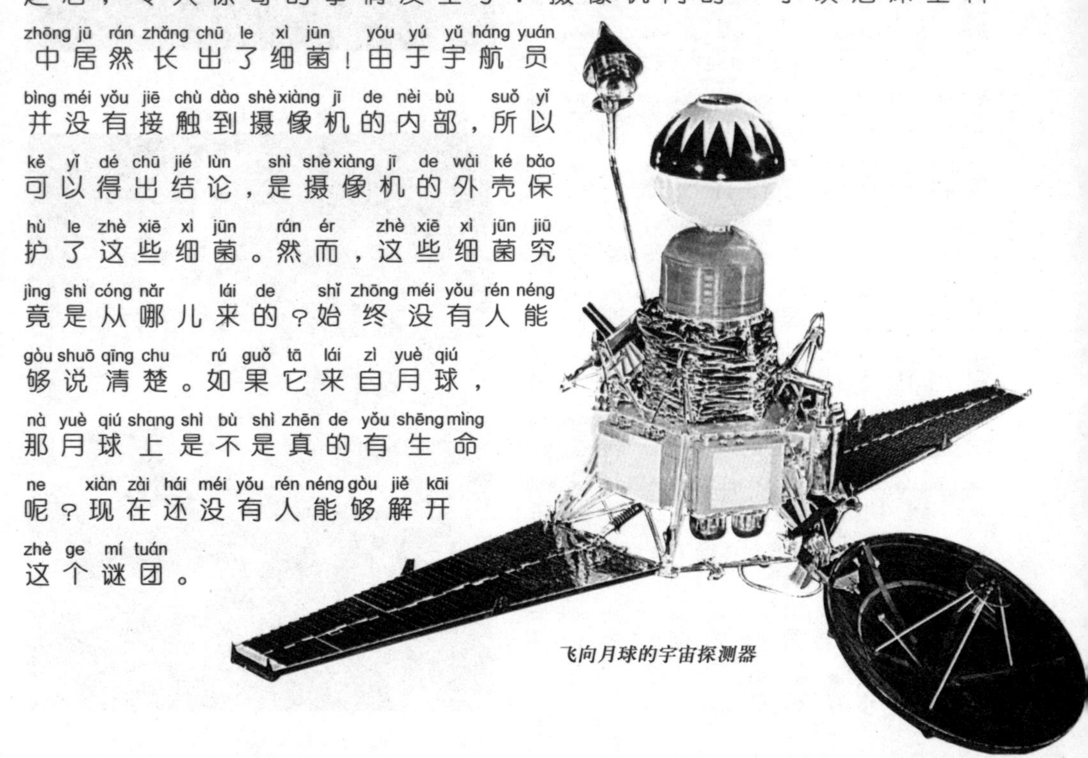
飞向月球的宇宙探测器

月面闪光之谜

很久以前，科学家们就发现月面上有奇怪的闪光。这些发光物有时单个出现，有时是几个同时出现；有圆形的、三角形的，还有线形的。这些发光物有的是静止的，有的在运动；有的光强，有的光弱，各不相同。为什么月面上会有闪光呢？有些科学家认为，那些光亮是某种不明飞行物发出的。但有的科学家并不认同这个观点。他们发现，月球表面的发光现象有时竟扩大到12万平方千米，于是他们对采自月球的岩石标本进行了分析。结果表明，这些岩石中的金属含量极其丰富。因此，科学家们推测月球可能存在着金属壳，就是这些金属引发了月球表面的闪光现象。虽然人们对月面闪光之谜有各式各样的猜测，但真实结果究竟如何，还有待于进一步的研究。

地球的邻居——月亮

月面闪光之谜还有待于人类去破解。

月球的正反两面差异之谜

月球的背面

月球的正面

在人类发射月球探测器之前，月球的背面始终是个谜。因为月球的自转周期与它绕地球公转的周期是相等的，所以地球上的人们只能看到月球正对着我们的一面。起初科学家们认为，月球的背面与正面相差不大，然而完整的勘测资料表明，月球的背面与正面大不相同。那么，它们之间的差异是怎样形成的呢？有人认为这是月球始终以一面对着地球的缘故。地球的引力使月球上的物质发生了好像潮水涨落一样的“固体潮”，才造成了这些差异。但是，也有人认为，月球上的日食都发生在正面，日食时温度会使月球表面发生巨大的变化，日积月累，就造成了两面的不同。然而无论哪种说法都不能令人完全信服，月球的正反两面为什么存在巨大的差异仍然是个谜。

月球表面的赤脚印之谜

1969年，美国的“阿波罗11号”宇宙飞船首次登陆月球时，宇航员在月球的表面共发现了23个人类的赤脚印，于是用照相机拍摄下来。对此，美国科学家对新闻媒体说：“显然，在月球上发现人类的赤脚印是令人吃惊的，说明有人在美国之前已登上月球，而且不穿宇航服。”他们还说：“据登上月球的宇航员称：这些脚印无可置疑是属于人类的，而且留下的时间不久。”常识告诉我们，地球人是不可能赤着脚登上月球的，也不可能不靠运载工具自行飞往月球。而乘坐“阿波罗11号”登月的宇航员始终都穿着宇航服和登月靴，那么留下这些脚印的只能是地球以外的“人”了。他们究竟是谁？他们为什么要在月球上留下脚印呢？这一切都是难以解答的谜。

究竟是什么生物在月球上留下了赤脚印呢？

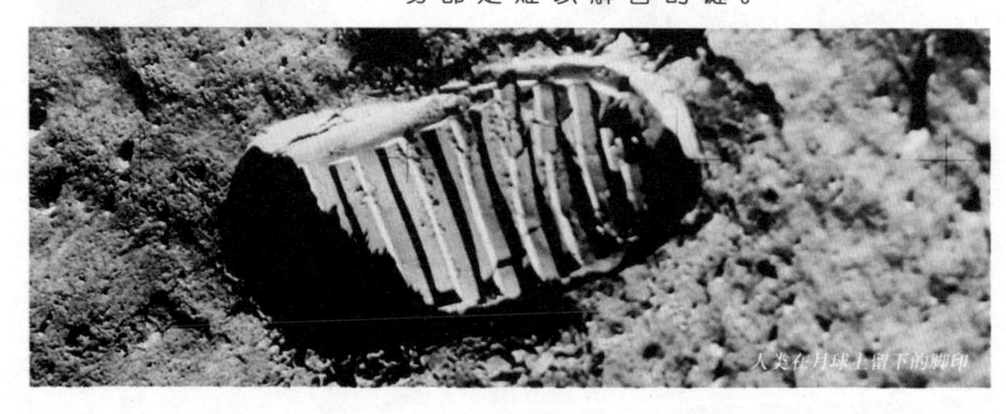
人类在月球上留下的脚印

月球尘埃的"气味"之谜

月球尘埃看起来就像地球上的土壤一样平常，但它们并非那么简单。科学家经过化验分析后发现，月球尘埃是由很多复杂成分组成的黏性物质。据很多乘坐"阿波罗"号宇宙飞船登月的宇航员回忆，他们大都闻到过月球尘埃的气味，那是一种如同火药爆炸后留下的硝烟气息。但经过科学家检测以后发现，月球尘埃的组成成分与火药完全不同。然而几十年来，科学家们却仍然不知道月球尘埃的气味是如何产生的。更令人吃惊的是，月球尘埃一旦被带回地球，那股气味就神秘地消失了。美国宇航局计划于2018年再次将宇航员送上月球，他们在月球上停留的时间将大大增长。也许到了那个时候，科学家们就会揭晓月球尘埃产生神秘气味的原因了。

月球尘埃

月球上的岩石和尘土

月球上真的有轰炸机吗

说起轰炸机，小朋友们都知道它是我们人类发明的一种军事武器，照理说，也只有我们地球上才应该有。但是，在一张由人造卫星拍摄的月球照片上，人们却可以看见一架第二次世界大战时期的英国轰炸机！这架飞机被停放在月球的一个火山口上，看上去还很完整。人类制造的轰炸机怎么会出现在月球上呢？有人认为那只是一块酷似飞机外形的岩石，根本就不是什么轰炸机。而有的科学家则认为，这架轰炸机可能是以前被外星人劫持到月球上的，当地球人发现这个秘密后，外星人就将它转移了。正当人们为此争论不休时，轰炸机却突然失踪了！这是怎么回事？月球上到底有没有轰炸机？迄今为止，没有人能回答这些问题。

月球上真的出现过轰炸机吗？

就是遨游在茫茫太空中的卫星、拍摄到了月球上的轰炸机照片

yuè qiú shang de rén xíng diāo xiàng zhī mí
月球上的人形雕像之谜

美丽的月球仍然存在着一些神秘的未解之谜。

qián sū lián kē xué jiā zài yuè qiú shang fā xiàn le yí ge shén mì de
前苏联科学家在月球上发现了一个神秘的
diāo xiàng jiù xiàng huǒ xīng shang yǒu yí kuài rén liǎn zhuàng de jù shí yí yàng
雕像，就像火星上有一块人脸状的巨石一样，
zhè ge diāo xiàng gēn wǒ men rén lèi de tóu bù yě hěn xiàng tā dài zhe tóu
这个雕像跟我们人类的头部也很像。它戴着头
kuī jiù xiàng yí ge gǔ xī là wèi bīng kàn qǐ lái fēi cháng yīng jùn
盔，就像一个古希腊卫兵，看起来非常英俊。
guān yú zhè ge diāo xiàng de lái lì kē xué jiā men cāi cè tā yǒu kě
关于这个雕像的来历，科学家们猜测，它有可
néng shì yóu wài xīng rén chuàng zào de ér qiě zhè xiē wài xīng rén de zhì huì hé kē xué jì shù
能是由外星人创造的，而且，这些外星人的智慧和科学技术
shuǐ píng yīng gāi dà dà chāo guò le wǒ men rén lèi dàn shì wài xīng rén wèi shén me yào jiàn zào
水平应该大大超过了我们人类。但是，外星人为什么要建造
zhè zuò diāo xiàng tā men dào dǐ yǒu shén me mù dì ér zhè ge diāo xiàng yòu dài biǎo le shén me
这座雕像，他们到底有什么目的，而这个雕像又代表了什么
yì yì ne zhè xiē wèn tí què wú rén néng gòu huí dá suǒ yǐ yǒu rén rèn wéi zhè kuài rén
意义呢？这些问题却无人能够回答。所以，有人认为，这块人
xíng diāo xiàng yě xǔ zhǐ shì yuè qiú shang de yí kuài pǔ tōng yán shí zhǐ bù guò tā kàn qǐ lái gēn
形雕像也许只是月球上的一块普通岩石，只不过它看起来跟
wǒ men rén lèi hěn xiàng bà le guān yú zhè zuò rén xíng diāo xiàng de zhǒng zhǒng yí wèn duì wǒ men
我们人类很像罢了。关于这座人形雕像的种种疑问，对我们
rén lèi lái shuō hái shì yí ge nán jiě de yǔ zhòu zhī mí
人类来说还是一个难解的宇宙之谜。

人类登上月球表面，迈开探索月球的第一步。

月球上的异常信号之谜

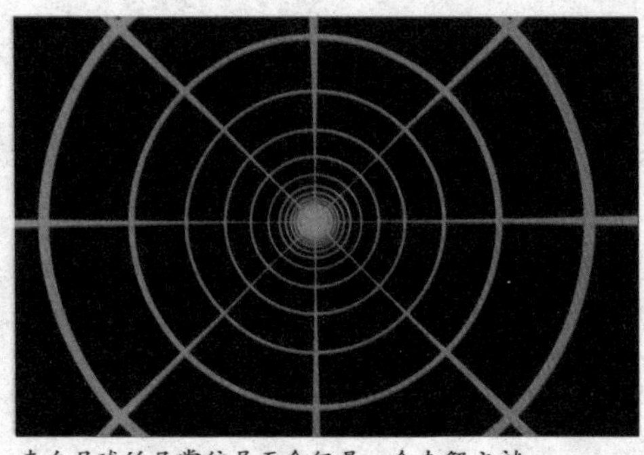

来自月球的异常信号至今仍是一个未解之谜。

1969年，宇航员阿姆斯特朗乘坐“阿波罗11号”在月球着陆，他在回答地面指挥中心的问题时吃惊地说：“……这些东西大得惊人！天哪！简直难以置信。我要告诉你们，那里有其他的宇宙飞船，它们排列在火山口的另一侧，它们在月球上，它们在注视着我们……”话还没说完，无线电通讯突然就中断了。阿姆斯特朗究竟看到了什么？美国宇航局没有解释。后来，宇航员乘坐“阿波罗15号”再度登上月球。在地球上的指挥中心听到了一个很长的口哨声，随着声调的变化，传出了由20个字母组成的一句话。这个陌生的来自月球的语言，切断了宇航员同指挥中心的一切通讯联系。而这些来自月球的异常信号究竟代表了什么意思，到现在仍然没有答案。

“阿波罗 11 号”登月舱

月球上的方尖石之谜

1959年，苏联发射了宇宙飞船“月球2号”后曾宣称，在月球的宁静海上空49千米处，拍摄到月面上有许多奇怪的方尖石，它们的底座宽约15米，高约12～22米。法国科学家将方尖石的分布作了详细研究，计算了方尖石的角度，他们认为方尖石的布局是一个三角形，很像埃及开罗附近的吉萨金字塔的分布情况。另外，在拍摄到的照片上，人们还发现石头上有清楚的长方形图案和许多几何图形，它们看上去非常整齐规范。所以有的人认为，这些方尖石不可能都是自然界的产物，它们有可能是外星人的“杰作”。但是，外星人为什么要修筑这些方尖石？它们又代表了什么意义？没有人能够回答这些问题。真相究竟如何？相信在不久的将来，能有人解开这个谜底。

月面之下是不是真的隐藏有一个文明世界呢？

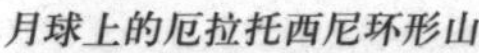
月球上的厄拉托西尼环形山

yuè qiú shang de jīn shǔ zhī mí

月球上的金属之谜

满月

月球的陨石坑中有极多的熔岩，这不奇怪，奇怪的是这些熔岩含有大量地球上极为稀有的金属元素，如钛、铬、钇等等，这些金属都很坚硬，它们耐高温、抗腐蚀。而月球只是太空中一颗“死寂的冷星球”，起码有30亿年都没有爆发过火山活动，这些金属元素是怎么产生的呢？而且，科学家分析了宇航员带回来的月球土壤样品，发现这些土壤里面竟然含有纯铁和纯钛，这真是太奇怪了！因为在地球上，自然界中是没有纯铁矿存在的。这些无法解释的事实表示了什么？有人认为，月球上的这些金属不是自然形成的，而是人为提炼出来的。那么，究竟是谁在什么时候，用什么方法提炼了这些金属呢？这些问题至今都是一个难以解答的谜。

宇航员从月球上带回了含有纯铁的月球土壤样品。

火星表面之谜

在宇宙中，火星散发出耀眼夺目的红光，所以在中国古代，它被当成了一颗不吉祥的星，人们给它取名为“灾难星”。而古罗马人则称它为“马尔斯”，即神话中的“战神”，将它与战争、鲜血联系在一起。通过观察可以发现，火星表面是一个红色的世界，充满了神秘的色彩，就连它为什么是红色的，人们都研究了数千年。后来，科学家们从火星探测器带回的资料中才得知，火星的红色与它的表面物质是分不开的。火星表面有众多的环形山和火山，风化作用产生的大量铁锈，使这里几乎到处都是红色沙漠，连天空也是红色的。但是，火星表面为什么会含有如此丰富的铁呢？这个问题到现在也没有人能够说得清楚。

火星干燥的红色表面

火星大风暴

huǒ xīng shang yǒu shēng mìng ma
火星上有生命吗

许多年来，人们一直认为火星上可能存在着生命。20世纪60年代以来，美国和苏联都发射了空间探测器对火星进行考察。从探测器考察的情况来看，火星的表面很像月球，上面有一万多个大大小小的环形山。而且，火星上还有两个地区的水分比较充足，地球上的许多生物都能够在这种条件下生存。于是人们猜测，这两个地区很可能有生命存在。遗憾的是，美国发射的“海盗”号探测器没有在这两个地方着陆。还有人根据火星上的大气构成、火星表面弯曲的河床推测，火星过去可能存在着高级生命，但不知道是什么原因导致了这些生命的消失。所以，专家们一致认为，火星上究竟有没有生命，现在下结论还为时过早，它还有待于进一步的研究。

壳
幔
岩核

火星的构造

从高空俯瞰火星上的奥林匹斯火山。

火星人面石之谜

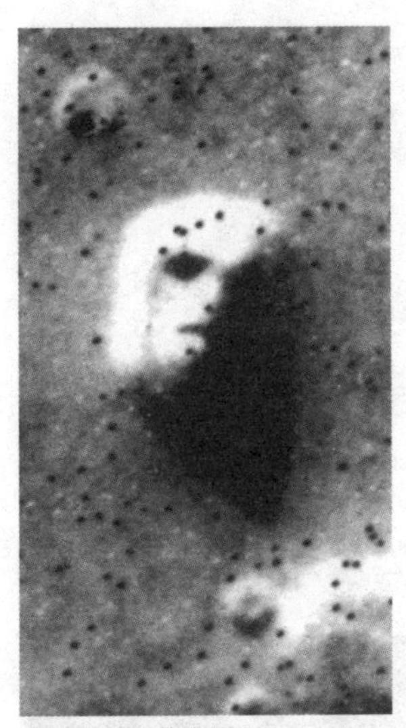

火星上神秘的人面石

火星人面石被发现后，有一个叫“火星计划”的科学家组织在华盛顿举行了记者招待会。会上有4名科学家说，这张照片是探测器拍摄的，在火星的一条山脉上，有一块长约2000米的巨石。这块巨石的正面很像我们地球人的一张脸，它看上去好像是在凝神思考什么问题。科学家对这块巨石的特征作了研究后认为：这个石像不像是天然形成的，它应该出自于一种“智力设计”。还有的科学家认为，这个石像应该是一个整体的一部分，它可能是火星上已经消亡的文明的产物。现在，美国宇航局已经决定，在今后的5年内发射一个用于“火星观察”的无人探测器，彻底解开火星上的这块人面石之谜。

人类发射的“海盗”号探测器飞向火星。

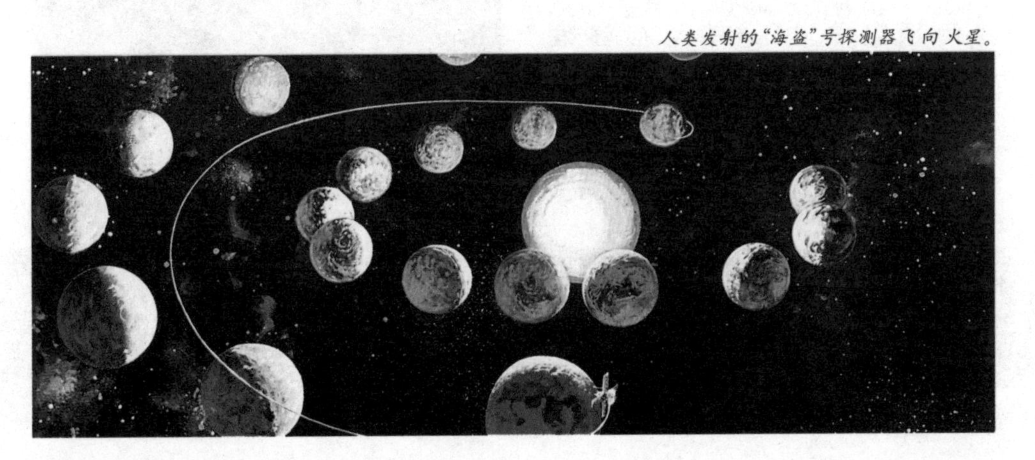

火星的神秘标语之谜

在苏联的一个大型记者招待会上，太空专家宣布了一个惊人的消息：一艘由前苏联发射，飞往火星完成探测任务的无人太空船，在火星荒凉的表面上拍到了一个奇怪的标语。这个标语是用英文书写的“离开”两个字，它好像是用石块雕刻出来的，从标语光滑的表面可以看出，它可能是用激光切割成的。而且，这个表示警告的标语出现的时间并不久。更奇怪的是，太空船在发现了这个标语后，便神秘地失踪了。科学家分析后认为，太空船究竟是被火星上的生物给击毁了，还是被它们暂时给扣押了，现在还弄不清楚。这条神秘的标语究竟从何而来，人类制造的太空船又去向了何方，这些问题至今也没有人能够准确回答。

飞向火星的“水手4号”探测器

火星探测器拍下的火星地面

huǒ xīng shang shì fǒu yǒu yùn hé

火星上是否有运河

火星无论是体积还是自转周期、公转周期、季节变化等都与地球相似。1877年，天文学家斯基帕雷利宣布，他观测到了火星的“运河”。后来还有人画出了火星“运河”河床的详细图示，并且别出心裁地设想这些运河是“火星人”为了利用火星两极的冰雪而开凿的。此事震惊了世界。1971年11月，人类发射的宇宙飞船对火星表面进行了拍照，终于发现了火星上有弯弯曲曲的河床，但是这些河床与震惊世界的“运河”完全不是一回事。根据科学家分析，只有像水这样易流动的液体才能形成这种河床。这只是天然河床，绝非“火星人”开凿的运河。但是，火星上的河水到底流到哪里去了呢？它们都蒸发了吗？这个问题至今仍是一个谜。

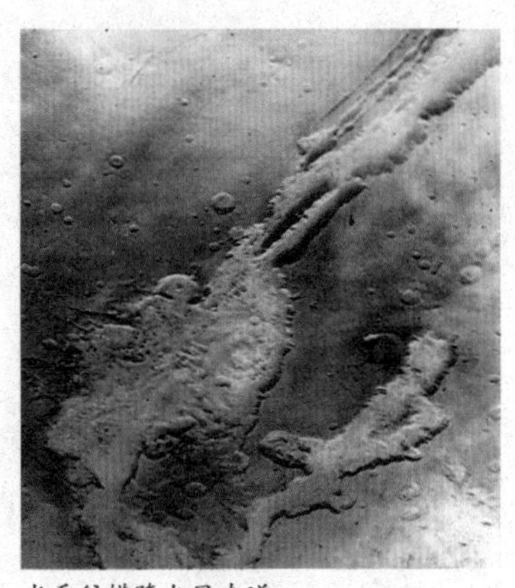
水手谷横跨火星赤道。

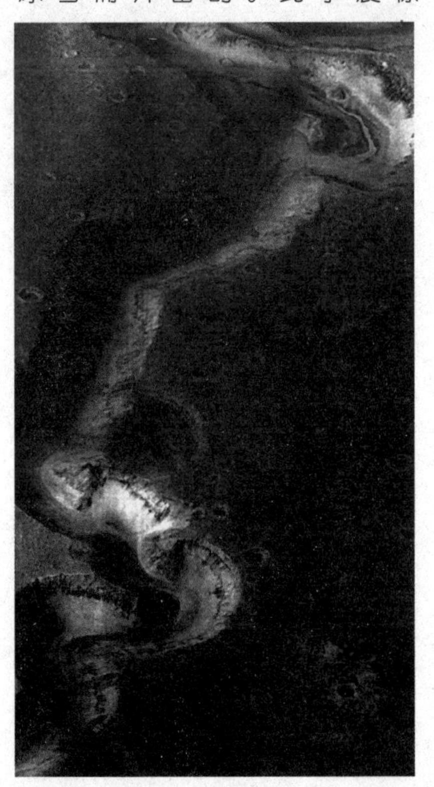
火星上干涸的“河床”

huǒ xīng shang de guāng yuán zhī mí

火星上的光源之谜

“海盗1号”卫星拍摄的火星照片

最近，美国《科学》杂志披露了几名天文爱好者的惊人发现：火星上有一个光源在不时地向地球发射脉冲光，一分钟内发射1～2次，每次持续5秒钟。其实早在1958年，天文学家就在火星上发现了一个向地球发光的光源，谁知几十年后当人们再次发现它时，它的位置竟然与1958年时完全吻合！现在，天文学家们已经确信火星上存在着这样一个光源，却无法解释其来源。

火星的光源究竟来自哪里呢？

大多数人认为，当太阳与地球处于一个特定位置时，火星上的云或冰晶体可以将太阳光反射到地球，所以在地球上的人看来就像火星上有一个光源一样。但是，一些科学家对此表示怀疑，他们认为形成这种反射的概率太小。真实情况究竟如何，还有待人类的进一步探索。

huǒ xīng shang de jīn zì tǎ zhī mí

火星上的金字塔之谜

在火星北半球基道尼亚地区，有一座神秘的建筑物，它的形状很像地球上的金字塔。1971年，在“水手9号”探测器拍摄到的火星表面照片中，也有人发现在火星的埃利西高原地区有类似金字塔的建筑群，在它的南极地区还有呈几何状的城市遗迹，看上去整齐规范。根据以上发现，科学家们提出了种种解释。许多科学家认为，火星上的金字塔是经过侵蚀和风化形成的自然地貌，它完全是偶然形成的。但是，即使是持这种看法的科学家，也没有断然否定在火星上曾经存在过火星人或外星人的可能性，因为这些建筑很像是人工修筑而成。所以人们认为，这些金字塔也有可能是火星上的其他生命或者是外星人修筑的。真相究竟如何，还有待于人类的继续探索。

在火星上发现了一些类似金字塔的建筑群。

火星上的奇特地貌容易引起人们的错觉。

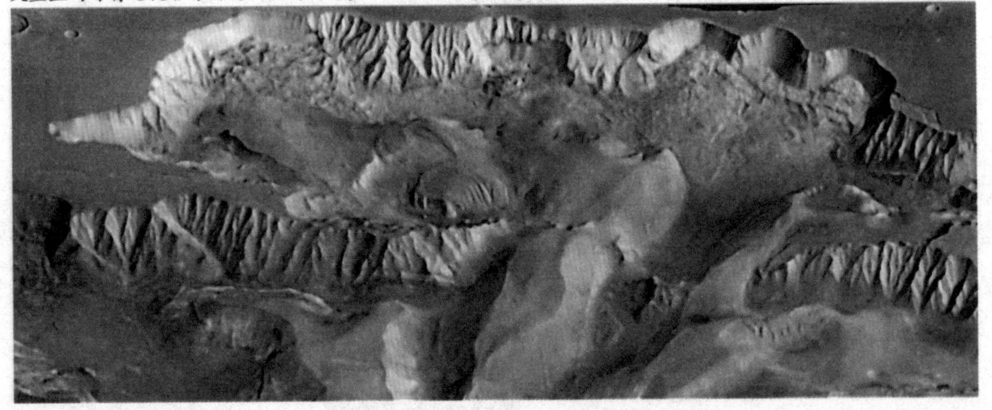

mù xīng dà hóng bān yán sè zhī mí

木星大红斑颜色之谜

木星除了带有色彩鲜艳的条纹之外，还有一块醒目的类似大红斑的标记。这块红斑体积巨大，它的南北宽度保持在1.4万千米左右，而它的长度在最长时竟然达到了4万千米。大红斑的形状有点像鸡蛋，颜色鲜艳夺目，红而略带棕色，有时却又变得鲜红鲜红的，所以人们叫它“大红斑”。关于大红斑颜色的成因，科学家们有几种不同的见解。有人提出那是因为它含有红磷之类的物质；有人认为可能是有些物质到达木星的云端之后，受太阳紫外线照射，而发生了光学反应，使这些化学物质转变成了一种带红棕色的物质。总之，木星上的这块斑点为什么会呈现出如此鲜艳夺目的红色，至今仍然是个未解之谜。

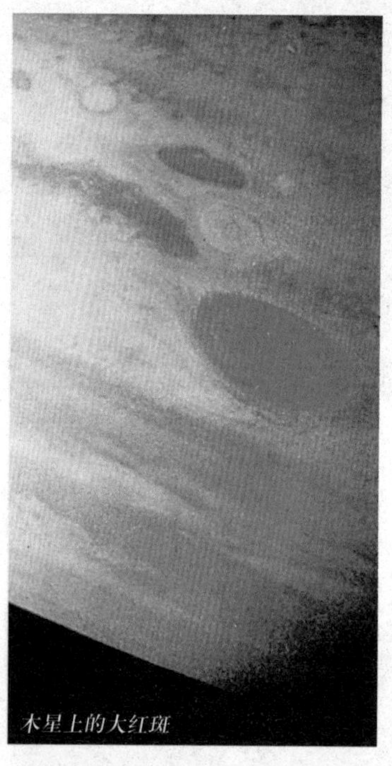
木星上的大红斑

地球只有大红斑的一半大。

木星能成为第二个太阳吗

天文学家研究发现，太阳已经接近晚年了，而就木星的发展趋势来看，它很可能成为太阳系中能与太阳分庭抗礼的第二颗恒星。也有可能在太阳到达它的晚年之前，木星就已经成为第二颗太阳了。不过，这种观点也受到了批驳。反对者认为，木星离取得恒星资格的距离还很远。尽管在太阳系的行星中它的体积最大，但是与太阳比起来，木星仍然小得可怜，太阳的质量是木星的1000多倍。

体积巨大的木星

而且，恒星一般都是熊熊燃烧的气体球，木星却是由液体状态的氢和外层大气组成的。所以木星不是严格意义上的恒星。看来，木星能不能成为第二个太阳，还存在着争议。希望在不久的将来，这个谜能够得到破解。

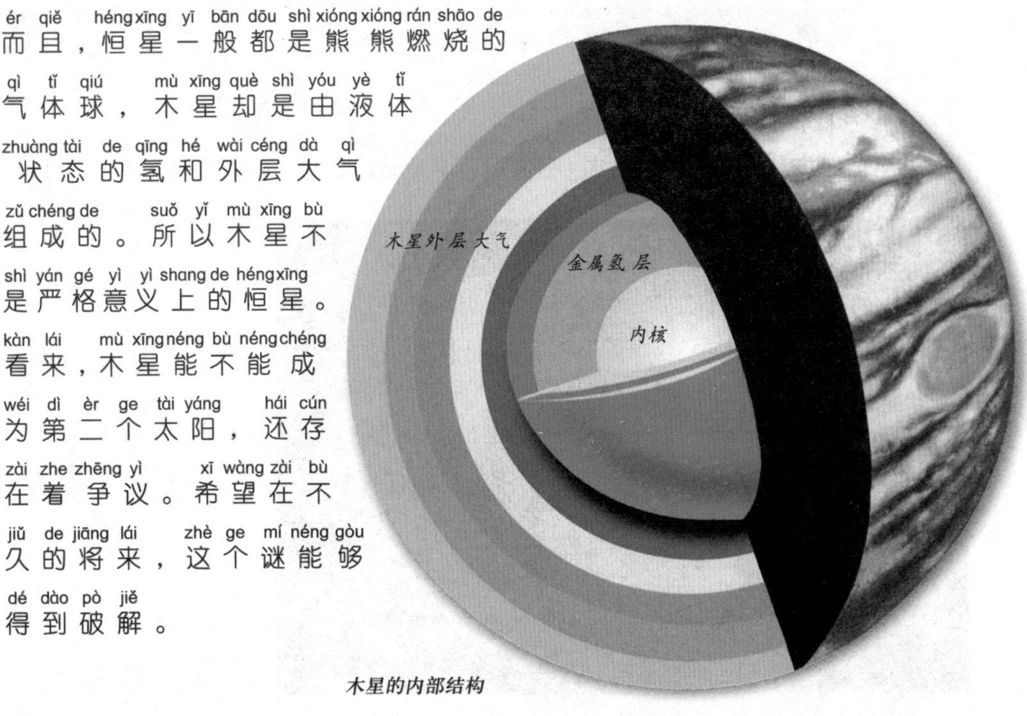

木星的内部结构

木星环之谜

1979年，科学家们在“旅行者1号”探测器发回的照片中发现，木星也拥有光环。木星环的最大直径约为25万千米，但是，由于木星环过于单薄透明，使我们在地球上很难观测到它。所以我们对木星环的了解，远没有对土星环和天王星环那样多。比如：木星环是怎样形成的？至今还是一个没有解开的谜。而且，木星环的形状像个轮胎，为什么它会呈现出这种形状，至今还不能解释清楚。整个木星环主要由碎石块和尘埃组成，这些大大小小的颗粒都在它们各自的轨道上绕木星旋转。一些天文学家认为，这种轨道并不稳定，所以有些颗粒可能会脱离自己的轨道，掉到木星上。这种现象真的会出现吗？我们现在也不能完全肯定。总之，木星环之谜，还有待于人类进一步探索。

近观木星环

“旅行者1号”在木卫一上观测木星的情景。

木星的大气层中有生命吗

木星是太阳系九大行星中的老大哥，它是一个主要由气体物质组成的天体。木星的最外圈是厚厚的大气层。在这层大气中，除了氢、氦、氨、甲烷和水之外，可能还有各种有机或无机聚合物。由于木星距离太阳较远，因此云层顶部的温度较低，而云层底部的温度则高达5500℃。因此，过去很多科学家认为，在这种环境状态下是不可能拥有生命的。但是近年来人们发现，木星大气中不仅拥有氨、甲烷、水以及微量乙炔、乙烷和磷化氢，还有能为更复杂的有机化合物的出现提供条件的闪电发生。此外，科学家在地球85千米处的高空大气中发现有生命存在，从而大大增强了人们对“木星的大气层中可能存在生命”这一观点的认可程度。但以上这些说法只是人们的推测而已，木星大气层的奥妙还有待人类去进行不断的探究。

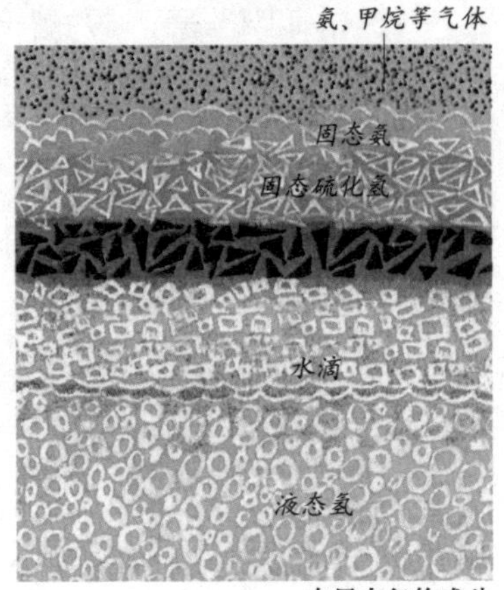

木星大气的成分

“先驱者10号”正在探测木星。

mù wèi èr shang yǒu shēng mìng ma
木卫二上有生命吗

木卫二的地表

“伽利略号”探测船探测木星卫星系统的最大成就，就是拍摄到了证实木卫二上存在水的图像。在探测船所拍摄的木卫二表面的照片上，可以看到一些圆弧状裂缝，圆弧直径有30千米左右。仔细观察了这些有裂缝的区域之后，科学家们认为，从这里可以找到冰融化之后再次结冰、裂开的痕迹。科学家们估计，在木卫二98千米厚的冰层中，真正以固态存在的水可能只有表面的8～16千米，而冰层之下就是大量的液态水。假如木卫二的海底也有活火山的话，它提供的热量足以使某些不需要阳光和空气的微生物存活。也就是说，生命存在需要的三个必要条件：热量、液态水和生命物质在木卫二上都已具备。但木卫二上是否真的有生命存在，还有待于人类进一步探索。

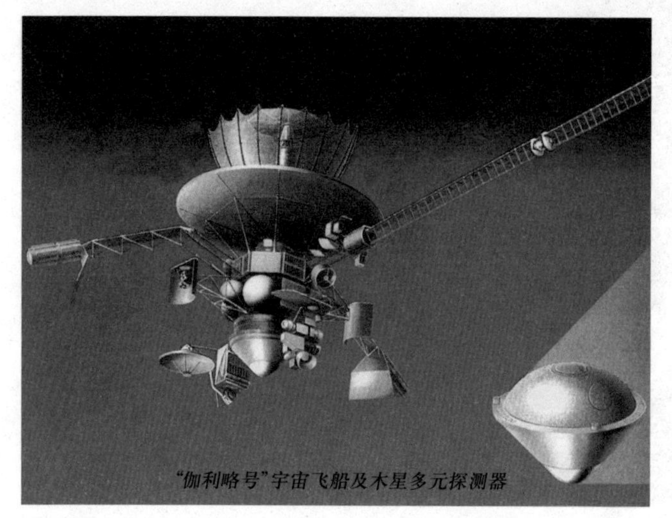
“伽利略号”宇宙飞船及木星多元探测器

土星环之谜

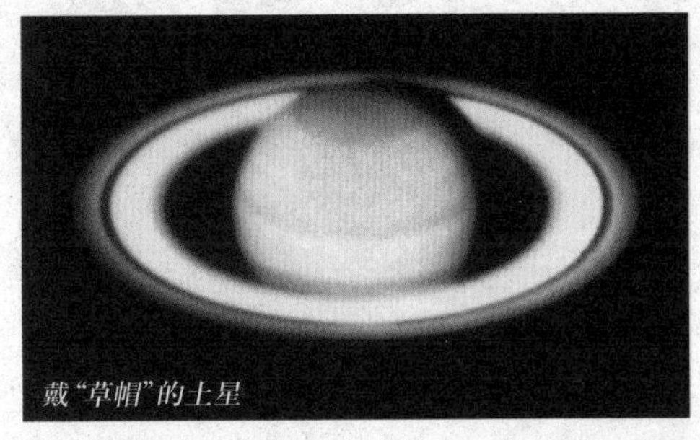
戴“草帽”的土星

在太阳系的九大行星中，土星有着亮丽壮观的光环。在望远镜里，我们可以看到三圈薄而扁平的光环围绕着土星，使它好像带着明亮的项圈。构成土星环的物质大小不一，从大的砾石到小的微粒都有。而关于这些物质的起因，则众说纷纭。有的学者认为，一个大的物体在接近土星的地方，偶然碎裂成无数块碎片，这些碎片就形成了土星环。有的学者则认为，在土星环区的卫星和飞来的流星发生了碰撞，导致这些卫星被撞得七零八落，卫星的碎片就成了土星环的“构成材料”。还有的学者认为，在土星形成的初期，它曾有过向外喷撒物质的历史，土星的自喷物就形成了它的光环。以上这些解释都只是假说，到目前为止，构成土星环的物质从何而来，仍是一个谜。

经过着色处理后的土星环

土星自转之谜

土星的自转

根据绕土星轨道运行的“卡西尼”号飞船发现，由无线电波数据测出的土星上的一天，比20多年前延长了约6分钟。这是怎么回事？难道土星上的一天变长了吗？这一神秘的现象让科学家们颇感困惑。美国科学家认为，这个新的结果并不意味着土星的自转真的变慢了。土星的无线电波是由带电粒子产生的，新的观测结果表明，控制带电粒子运动的土星磁场和行星中心之间似乎产生了某种变化。由于土星的自转轴与磁场轴的方向几乎相同，所以科学家们推测，根据无线电波测出的土星自转周期之所以会产生变化，也许正是和这一特征有关。但是，土星磁场和行星中心为什么会产生变化呢？相信科学家们最终会解开这个谜底。

大气层
分子氢
金属氢
核

土星的结构

土卫八的“阴阳脸”之谜

环绕土星飞行的“先驱者10号”

早在1671年，土星的第八颗卫星就已经被人们发现，当时人们就注意到它有一个特别之处——西边要比东边亮。所以人们说，土卫八长了一张“阴阳脸”。人们通过观测发现，土卫八上较亮的部分覆盖着大面积的冰层，较暗的一面则被一种碳化物所覆盖。有的研究者认为，土卫八暗的一面可能是由火山活动造成的。而有的研究者则认为，土卫八暗的一面是由于它吸收了土卫九抛出的物质形成的。还有的研究者认为，大约在一亿年前的某个时刻，一颗彗星撞击了土卫八，导致它表面的水散失了，但在以后的100万年里，较暗的物质又重新聚集在它的东半球上，使东半球变得比西半球暗。总而言之，关于土卫八的“阴阳脸”之谜，至今还没有权威的解释。

土星和它的卫星。其中，土卫八是著名的“阴阳脸”。

tiān wáng xīng zì zhuàn zhī mí

天王星自转之谜

浅蓝色的天王星

在宇宙空间，天王星的自转轴几乎“躺倒”在它的轨道面上，它懒洋洋地一边打着滚，一边向前移动。也就是说，天王星是“躺”着自转的，而太阳系中的其他行星都是“站”在轨道面上进行自转。为什么天王星会有如此与众不同的自转方式呢？有人猜测，在天王星形成的初期，它可能和其他行星一样也是“站”着自转的。但是，不知道是什么原因，天王星被一个天体“撞倒”了，这个天体的质量和体积应该与天王星差不多，所以撞击产生的力量也非常大。强烈的碰撞一下子撞倒了天王星，使它再也无法“站起来”，于是就只有“躺”着自转了。但是，这种说法现在还没有找到充分的证据。所以，天王星奇特的自转方式，一直是宇宙中的未解之谜。

天王星的自转方向与地球有着较大的差异。

海卫一轨道之谜

"旅行者2号"拍摄到的海卫一

海卫一是环绕海王星运行的一颗卫星，它是海王星的卫星中最大的一颗。"旅行者2号"于1989年8月25日造访过海卫一，我们所知的关于海卫一的一切知识几乎都来源于这次短暂的访问。海卫一是一个岩石和冰混合的天体。"旅行者2号"在探测它时，发现有几座喷发出冰熔岩的火山，有些还是活的，会喷出冰氮微粒。海卫一的公转是逆向的，它是一颗轨道逆行的大卫星。海卫一的结构表明它不可能是由原始的太阳系星系压缩形成的，它可能形成于其他地方，而后被海王星所俘获，这个地方或许就是"柯伊伯带"。海卫一的轨道非常奇特，它和冥王星的地质组成非常类似。另外，冥王星公转轨道极度偏离正圆并穿越海王星公转轨道，这都说明海卫一和冥王星之间可能会有某些历史关联。然而这些现象到底意味着什么，至今也没有人能够准确回答。

"旅行者2号"携带的铜碟

冥王星起源之谜

冥王星距离地球非常遥远，所以对人类来说，它是九大行星中面目最为模糊的一颗。关于冥王星的起源，就是一个未解之谜。过去，人们根据冥王星同海卫一有许多相似之处，认为冥王星与海卫一都是行星的“星子”，即原行星。后来，海卫一被海王星俘获，而冥王星则成了一个独立的行星。中国天文学家则认为，冥王星是由海王星轨道内的大星子形成的。由于这个区域内有一个较大的星子与冥王星碰撞，使它的轨道变得很扁；后来，另一个星子又掠过冥王星表面，使它产生了自转，碰出的物质就形成了现在的查龙卫星。由于人类对冥王星的认识还非常少，也许只有等宇宙探测器到达冥王星之后，才能解开有关冥王星的谜团。

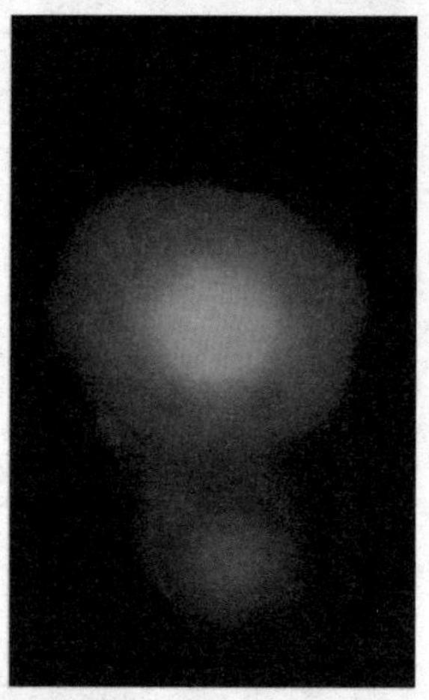
冥王星

冰冷幽暗的冥王星卫星

冥卫起源之谜

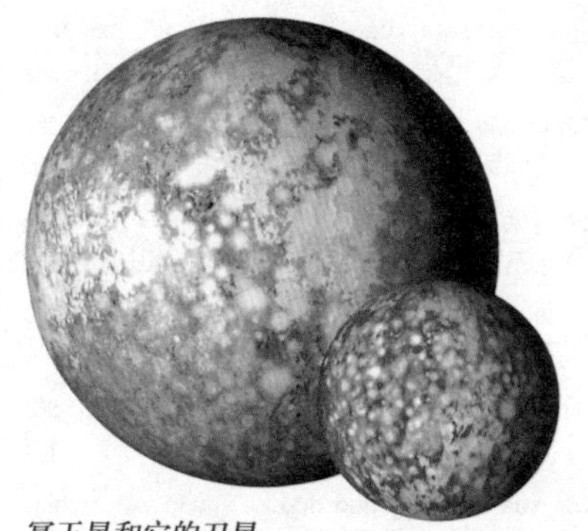

冥王星和它的卫星

冥王星和它的卫星是太阳系中最特别的一对“搭档”。冥卫围绕冥王星公转的时间与冥王星自转一周的时间完全一样，都是6.39天。这个特点是太阳系中的其他卫星都不具备的。人们不禁要问：冥卫的这些特点是怎么产生的？这些特点同冥卫和冥王星的起源有关系吗？有的学者认为，如果在冥王星脱离海王星之前，冥卫就已经成为了冥王星的卫星，那么海王星的潮汐作用会使它们俩在100万年后产生碰撞，而事实上它们并没有碰撞。所以，冥王星和冥卫可能是在它们脱离海王星以后才形成的，并且由于冥王星开始的自转速度很快，冥卫才被分裂出来。虽然这个说法得到了大多数学者的认可，但它究竟是不是事实，还有待进一步的研究。

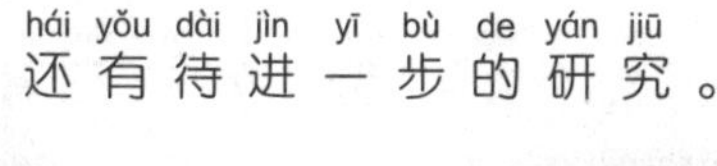

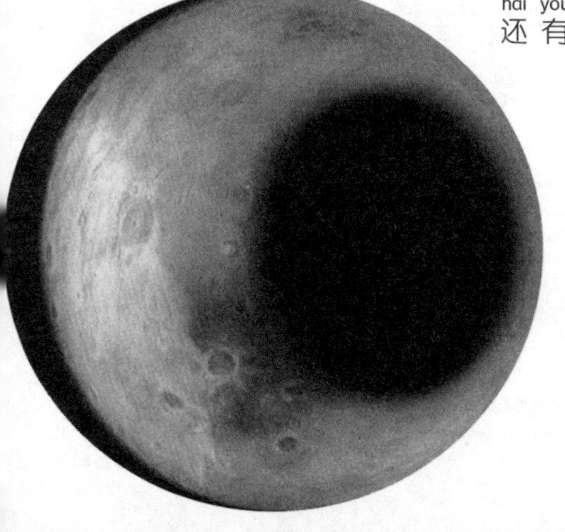

冥卫的影子一直延伸到冥王星的表面。

“火神星”是否真的存在

水星和太阳之间是不是存在着一颗未知的行星，还需要人类进一步探索。

法国天文学家威勒耶在编算新行星表时，发现水星偏离了正常的运动轨道，所以他推测水星与太阳之间还存在着一颗未知的行星，即“火神星”。但是，天文学家经过多次观测，并没有发现“火神星”的存在。后来，爱因斯坦提出，如果把太阳看成是一个绝对圆球，那么由于太阳的质量很大，水星就受到了较大的引力，以至于它的运动轨道发生了弯曲，与理论测算出来的不符，这就是“弯曲说”。如果这种说法成立，那么“火神星”就是不存在的。但是，美国科学家又认为，太阳并不是绝对圆的，这种观点动摇了“弯曲说”。如果爱因斯坦的学说不正确，那么“火神星”就有可能存在。水星和太阳之间究竟有没有“火神星”呢？这还是一个未解之谜。

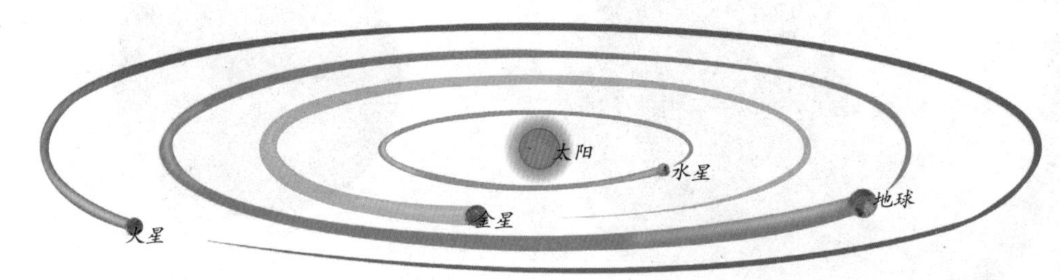

水星的运转轨道

sài dé nà shì xíng xīng ma
“塞德娜”是行星吗

“塞德娜”是不是太阳系的第十大行星，还需要人类的努力探索。

zài jù lí dì qiú yuē yì qiān mǐ de dì
在距离地球约129亿千米的地
fang yǒu yī kē hóng sè yào yǎn de xiǎo tiān tǐ tā
方，有一颗红色耀眼的小天体，它
jiù shì sài dé nà kē xué jiā biǎo shì sài
就是“塞德娜”。科学家表示，“塞
dé nà shì zì nián rén lèi fā xiàn míng wáng
德娜”是自1930年人类发现冥王
xīng yǐ lái zài tài yáng xì nèi fā xiàn de huán rào tài
星以来，在太阳系内发现的环绕太
yáng yùn xíng de zuì dà yī ge xīng tǐ dàn shì
阳运行的最大一个星体。但是，
tā dào dǐ suàn bù suàn shì tài yáng xì de xíng xīng ne
它到底算不算是太阳系的行星呢？
yǒu de kē xué jiā tí chū sài dé nà yīng gāi
有的科学家提出，“塞德娜”应该
bèi kàn zuò shì tài yáng xì de xíng xīng yīn wèi tā yě yǒu yī ge tuǒ yuán xíng de rào rì guǐ dào
被看作是太阳系的行星，因为它也有一个椭圆形的绕日轨道，
zhōu qī wéi nián rán ér hěn duō kē xué jiā què rèn wéi xíng xīng de tǐ jī yīng gāi bǐ
周期为10500年。然而，很多科学家却认为，行星的体积应该比
jiào dà sài dé nà de zhí jìng bǐ míng wáng xīng hái xiǎo suǒ yǐ gēn běn bù néng suàn shì xíng
较大。“塞德娜”的直径比冥王星还小，所以根本不能算是行
xīng yú shì yǒu de kē xué jiā rèn wéi sài dé nà shì bīng shí suì kuài jí zhōng de kē
星。于是有的科学家认为，“塞德娜”是冰石碎块集中的“柯
yī bó dài zhōng de xīng tǐ sài dé nà jiū jìng néng bù néng bèi huà fēn dào tài yáng xì
伊伯带”中的星体。“塞德娜”究竟能不能被“划分”到太阳系
de xíng xīng jiā zú zhōng xiàn zài kē xué jiā men zhèng zài bù duàn nǔ lì shì tú zhǎo dào tā de
的行星家族中，现在，科学家们正在不断努力，试图找到它的
qí tā tè diǎn lái jiē kāi zhè ge mí dǐ
其他特点，来揭开这个谜底。

太阳系的九大行星

小行星来源之谜

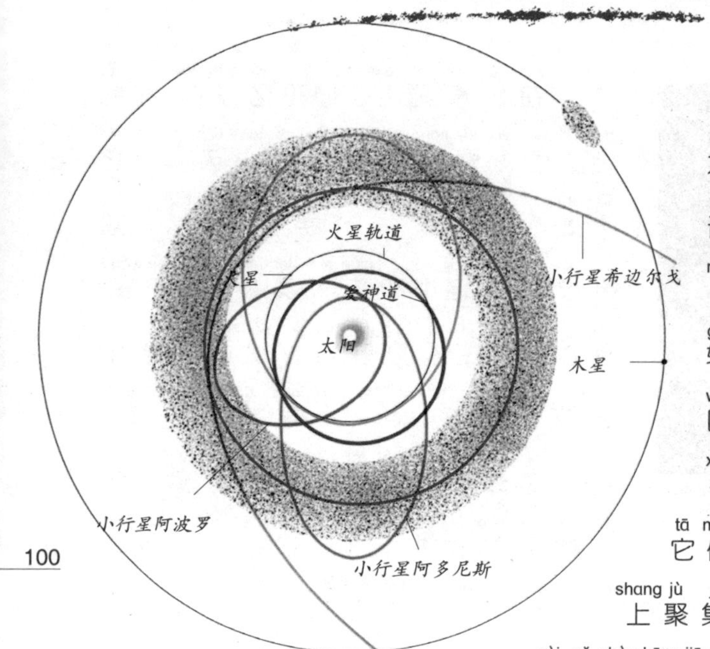

小行星带示意图

太阳系家族除了九大行星之外，还存在着许许多多的小行星。它们聚集在火星和木星的轨道之间，成群结队地围绕太阳运行。这些小行星是怎么形成的呢？它们为何只在特定的轨道上聚集，而不是均匀地分布在宇宙空间中呢？一种具有影响力的假说认为，在火星和木星的轨道之间原来存在着一颗大行星，名叫“法厄同”。这颗行星后来破裂了，它的碎片就形成了今天的小行星带。然而，究竟是什么力量使那么大的行星被炸成了碎片呢？这个问题一直找不到答案。所以有人认为，由于木星的引力干扰，在太阳系形成之时，一部分物质无法聚集成团，最后才形成了分散的小行星带。真相究竟如何，还需要科学家们继续探索。

箭头所指的是两颗小行星。

huì xīng shēn shì zhī mí

彗星身世之谜

2002年3月10日拍摄到的池谷—张彗星

彗星掠过天空的时候，会拖着长长的尾巴，看上去很美。它是怎样产生的呢？有一种观点认为，彗星可能是由太阳系内的两颗大行星互相碰撞而形成的。但另一种观点却认为，彗星是从原始太阳星云的旋转碎片中产生的，是星际云的一部分。星际云最初是气体分子、水、二氧化碳和其他物质，后来凝聚成了微粒，并逐渐形成了较大的粒子。久而久之，便形成了彗星。还有一种观点认为，在太阳和其他恒星之间，存在着彗星云。彗星云中凝聚着彗星核，它是彗星产生的源泉。一部分彗星因为受到了太阳的吸引，就改变了自己的轨道，跑到了太阳系之内。以上观点都是科学家们提出的种种假说，相信在不远的将来，彗星的身世将真相大白。

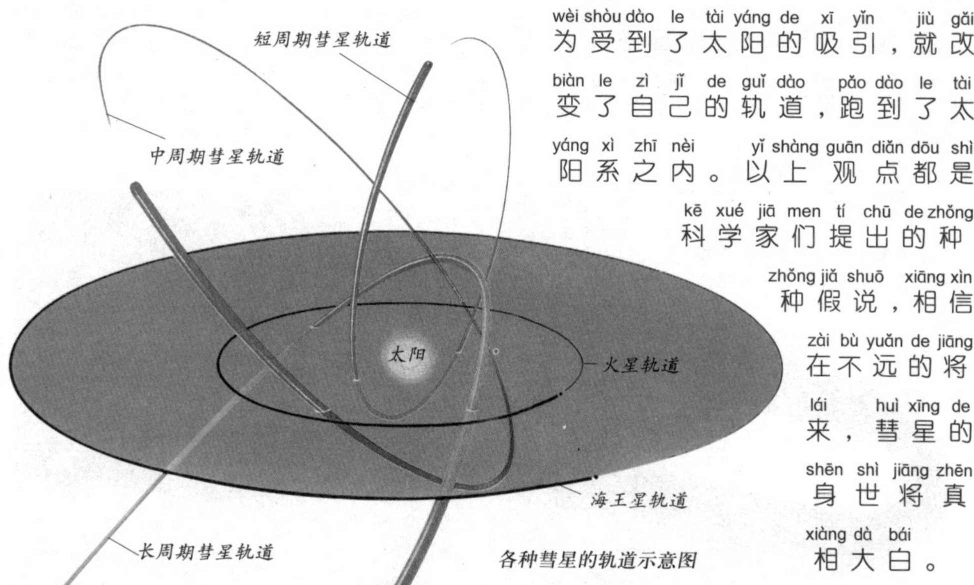

各种彗星的轨道示意图

哈雷彗星爆发之谜

哈雷彗星在天文界甚为驰名，具有很多神奇特性。它能喷发出的巨大的亮光，令人惊奇和不解。究竟是什么原因使哈雷彗星产生亮度并喷发出来呢？英国天文学家休斯认为，可能是一颗直径2.6～60米的小行星横向“袭击”了哈雷彗星，使大约1400万吨尘埃（相当于哈雷彗星总质量 0.02%）撒向了太空。两位美国天文学家则认为是太阳耀斑的激波撼碎了哈雷彗星薄弱的外壳，致使尘埃大量外逸。1991年1月31日，太阳上出现了特大耀斑。据称，这次耀斑产生的强激波于两星期后抵达哈雷彗星，引起了彗星的爆发。关于哈雷彗星的爆发，是由太阳风暴激发引起，还是由小行星碰撞引起，目前还没有定论。

哈雷彗星接近地球。

彗星的结构

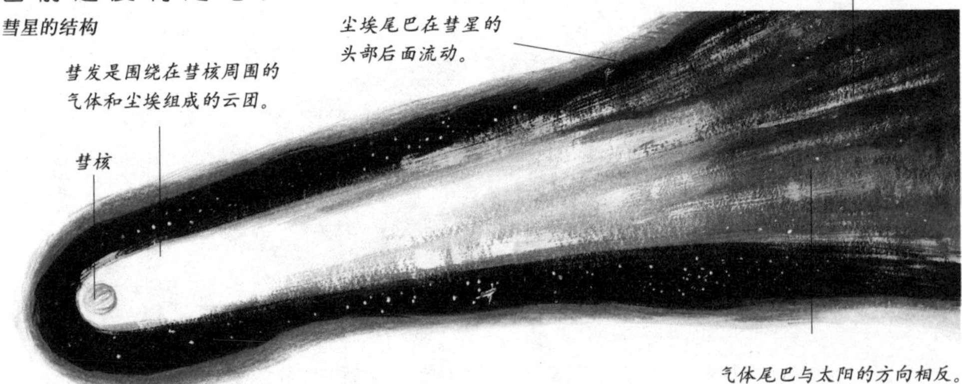

哈雷彗星蛋之谜

著名的哈雷彗星

1682年，当哈雷彗星“访问”地球时，德国的一只母鸡生下了一个异乎寻常的蛋——蛋壳上布满了星辰状的花纹。1758年出现哈雷彗星时，英国的一只母鸡也产下了一个鸡蛋，蛋壳上清晰地描绘着彗星的图案。1834年，当哈雷彗星再次出现时，希腊的一只母鸡同样生下了一个怪异的蛋，蛋壳上还是有彗星的花纹。到了1910年，哈雷彗星重新掠过天空时，一位法国妇女所饲养的母鸡也生下了一个奇特的蛋，蛋壳上的彗星图案就像人工雕刻上去的一样，怎么擦也擦不掉。为了得到1986年的彗星蛋，世界各地的科学家都展开了广泛的搜寻，终于在意大利的一户居民家里找到了这枚彗星蛋。为什么每当天空中出现哈雷彗星时，地球上就会出现描绘有彗星图案的鸡蛋呢？这个谜至今也没人能解开。

当天空中出现哈雷彗星时，地球上的母鸡就会产下怪异的彗星蛋。

巨大的陨石哪里去了

新疆大陨石

流星在坠落的时候，会与地球大气相摩擦并开始燃烧。如果有的流星体没有完全烧毁，它就会成为陨石坠落到地球上。1891年，人们在美国亚利桑那州发现了一个直径为1280米、深180米的巨大坑穴，坑的周围有一圈高出地面40多米高的土层，人们把它叫作“恶魔之坑”。后来，经过科学家们考证，这是一个陨石坑，它是在距今2.7万年前，由一个重达2.2万多吨的陨石以5.8万千米的时速坠落地球时冲撞而成的。然而奇怪的是，这个庞然大物给人们留下了一个大坑和坑边的陨石铁片后便没了踪影。这块陨石究竟去哪里了呢？有人估计它就落在坑下几百米的地方。但是，迄今为止也没有人去把它挖出来加以证实。巨大的陨石究竟跑到哪里去了，谁都无法解释。

美国亚利桑那州陨石坑是世界上已知的最大陨石坑。

第二章

探秘外星人

TAN MI WAI XING REN

hào hàn de yǔ zhòu wèi rén men tí gōng le wú jìn de tàn suǒ
浩瀚的宇宙，为人们提供了无尽的探索
kōng jiān lái wú yǐng qù wú zōng de wài xīng rén shǐ zhōng shì rén
空间。来无影去无踪的外星人，始终是人
lèi de yī ge rè mén huà tí dào xiàn zài hái méi yǒu shuí néng
类的一个热门话题。到现在，还没有谁能
zhèng míng wài xīng rén zhēn de cún zài zài běn zhāng lǐ xǔ duō hé
证明外星人真的存在。在本章里，许多和
wài xīng rén yǒu guān de gù shi wǒ men dōu pèi yǐ shēng dòng tiē qiè
外星人有关的故事我们都配以生动、贴切
de kē huàn huà xī wàng tā men néng gòu gèng hǎo de jī fā nǐ de
的科幻画，希望它们能够更好地激发你的
xiǎng xiàng bāng zhù nǐ qù tàn xún wài xīng shēng mìng de shén mì
想象，帮助你去探寻外星生命的神秘。

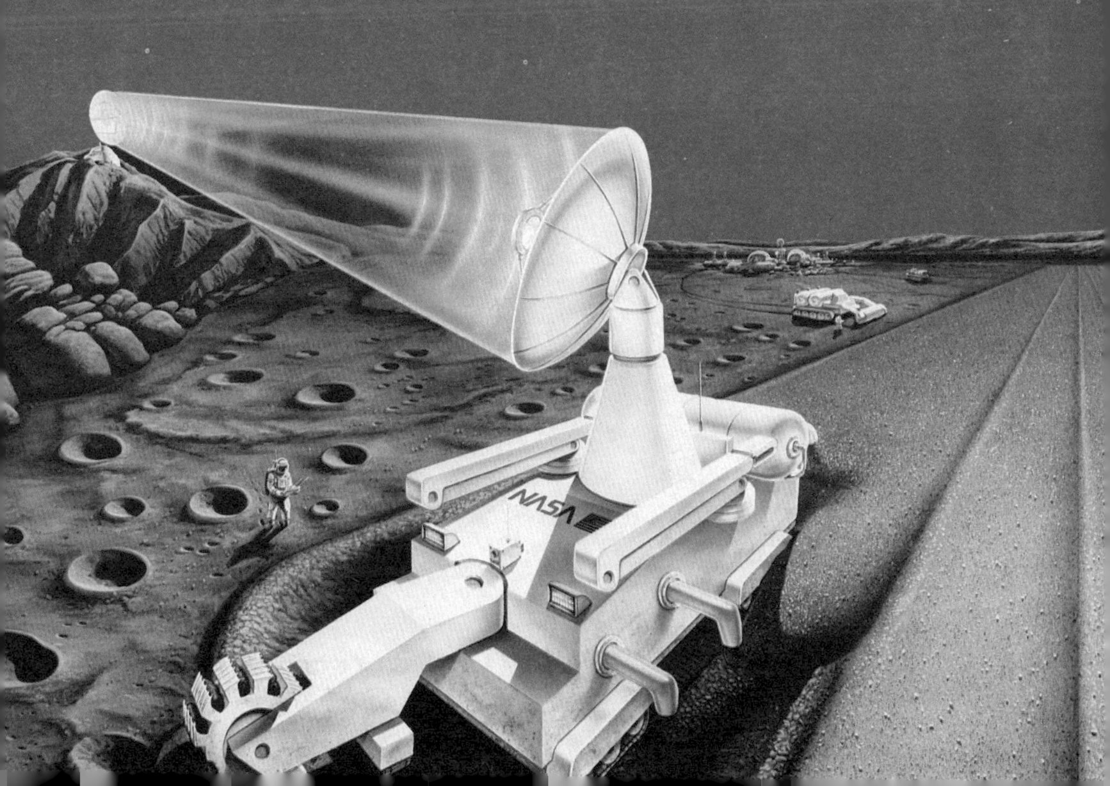

wài xīng rén lái zì hé fāng
外星人来自何方

科幻画：出现在非洲沙漠中的太空飞船

wǒ men zhǐ zhī dào wài xīng rén lái zì qí tā xīng qiú, dàn shì zài yǔ zhòu qiān qiān wàn wàn ge xīng tǐ zhōng, nǎ xiē xīng qiú kě yǐ cún zài shēng mìng ne? wài xīng rén de jiā yòu zài nǎ lǐ ne? yǒu rén rèn wéi, huǒ xīng、jīn xīng、mù xīng děng xīng qiú dōu jù bèi shēng mìng cún huó de tiáo jiàn huò shì yǒu guò shēng mìng cún zài de yí jì, jí yǒu kě néng shì wài xīng rén de gù xiāng。

我们只知道外星人来自其他星球，但是在宇宙千千万万个星体中，哪些星球可以存在生命呢？外星人的家又在哪里呢？有人认为，火星、金星、木星等星球都具备生命存活的条件或是有过生命存在的遗迹，极有可能是外星人的故乡。

chú cǐ zhī wài, guān yú wài xīng rén de jiā xiāng, hái yǒu qí tā shuō fǎ: yǒu rén rèn wéi dì qiú shì zhōng kōng de, fēi dié lái zì yú dì qiú zhōng xīn, dì qiú nèi bù zhù yǒu wén míng chéng dù bǐ rén lèi gāo de qí tā shēng mìng tǐ; yě yǒu rén rèn wéi wài xīng rén bù shì chuān yuè kōng jiān ér shì chāo yuè shí jiān ér lái de, shì wèi lái shì jiè zhōng fú wù yú rén lèi de yī xiē shēng mìng wù zhǒng。suī rán zhè xiē guān diǎn shuō fǎ bù yī, dàn dōu hái zhǐ tíng liú zài cāi cè hé tuī lǐ jiē duàn, yào xiǎng duì wài xīng rén de gù xiāng yǒu quán miàn ér zhǔn què de rèn shi, zhǐ yǒu qī dài rén lèi kē xué de jìn bù。

除此之外，关于外星人的家乡，还有其他说法：有人认为地球是中空的，飞碟来自于地球中心，地球内部住有文明程度比人类高的其他生命体；也有人认为外星人不是穿越空间而是超越时间而来的，是未来世界中服务于人类的一些生命物种。虽然这些观点说法不一，但都还只停留在猜测和推理阶段，要想对外星人的故乡有全面而准确的认识，只有期待人类科学的进步。

在宇宙中，有很多星球都具备存在生命的条件，但是究竟有多少星球真正存在生命，人类目前还无法得知。

外星人长什么模样

外星人的相貌和身形一直以来都给了人类最大的想象和发挥空间。为了突出外星人的神秘和与众不同，设计者们常常使他们以最奇特的相貌出现在画报或屏幕上。可是，外星人究竟长什么样呢？据说，苏联“礼炮6号”飞船上的宇航员在进行太空飞行时，曾经观察到一个不明飞行物。根据他们的描述，飞船里面有三个与人类相貌极为相似的外星生物，他们的面部没有表情，眼睛比地球人大两倍。当两架飞船近距离接触时，苏联宇航员和外星人都拿出了导航图向对方展示，并且互相致意。当飞行进入第三天时，宇航员还看到外星人离开圆体舱，在太空中漫步。但是，由于这份报告缺少有力的图片证明，因此一直有人持怀疑态度。如果想清楚地得知外星人的相貌，只有依靠人类的不断探索了。

眼睛闪闪发光、嘴巴小巧、脸型呈倒三角状的外星人是荧幕上最常见的一种外星生命形象。

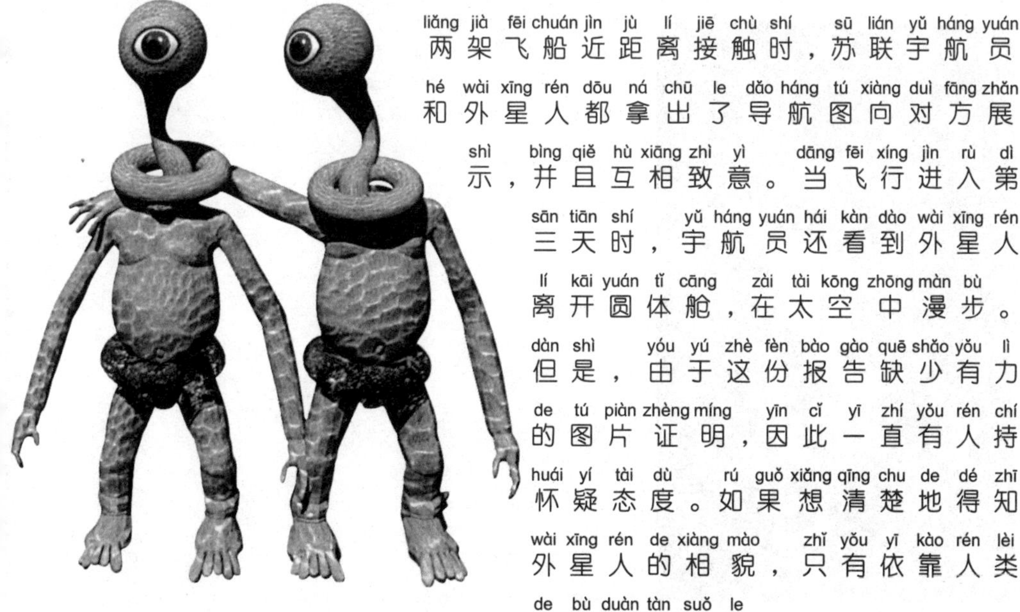

设计师创造出的外星生物形象

wài xīng rén de fú shì zhī mí

外星人的服饰之谜

zài hěn duō kē huàn diàn yǐng zhōng wài xīng rén dōu chuān
在很多科幻电影中，外星人都穿
zhe cǎi yòng zhěng kuài bù liào zhì chéng de lián kù fú quán shēn
着采用整块布料制成的连裤服，全身
yī liào méi yǒu féng zhì de hén jì yě hěn shǎo yǒu niǔ kòu huò
衣料没有缝制的痕迹，也很少有纽扣或
kǒu dai zhī lèi de dōng xi zhè zhǒng qí yì de fú zhuāng yǐ jīng
口袋之类的东西，这种奇异的服装已经
chéng wéi wài xīng rén de biāo zhì zhè zhǒng shè jì bìng bù wán
成为外星人的标志。这种设计并不完
quán shì dǎo yǎn men píng kōng gòu xiǎng de ér shì cān kǎo le
全是导演们凭空构想的，而是参考了
kē xué jiā men suǒ zhǎng wò de guān yú wài xīng rén de zī liào
科学家们所掌握的关于外星人的资料。
wài xīng rén de fú zhuāng yán sè zhǔ yào yǒu bái sè huī sè
外星人的服装颜色主要有白色、灰色、
jīn shǔ sè hé lán sè yǒu de hái pèi yǒu tóu kuī fú shì
金属色和蓝色，有的还配有头盔。服饰
huò tóu kuī shàng miàn xuán guà de fù shǔ pǐn shì wài xīng rén
或头盔上面悬挂的附属品，是外星人

外星人的服饰和人类宇航员的服饰有很大的不同。

yòng lái jìn xíng lián xì de diàn zǐ tōng xìn gōng jù mù
用来进行联系的电子通信工具。目
qián zài kē xué jiā men zhǎng wò de wài xīng rén àn lì
前，在科学家们掌握的外星人案例
zhōng jiù yǒu hěn duō zhè yàng de tōng xìn gōng jù rú gē
中，就有很多这样的通信工具，如胳
bo shang de jīn shǔ bǎn xiōng qián de zhé shè fǎn guāng jìng
膊上的金属板、胸前的折射反光镜、
jīn shǔ shí zì jià huò shì kě yǐ fā guāng de xīng xíng shì
金属十字架，或是可以发光的星形饰
wù děng deng dàn shì wài xīng rén jiū jìng yǐ shén me fú
物等等。但是，外星人究竟以什么服
shì wéi zhǔ shì fǒu bù tóng zhǒng lèi de wài xīng rén yǒu bù
饰为主，是否不同种类的外星人有不
tóng de fú shì tā men de yī fu shì yòng shén me yàng de
同的服饰，他们的衣服是用什么样的
cái liào zhì chéng de zhè xiē wèn tí dōu shì shàng wèi jiě kāi
材料制成的，这些问题都是尚未解开
de mí
的谜。

外星人的服饰至今仍是一个谜。

wài xīng rén jiū jìng yǒu duō shǎo zhǒng

外星人究竟有多少种

在美国电影《超人》中，超人克拉克就是一个来自氪星球的外星人。

外星人是人类对来自地外星系的所有生命的统称。实际上，由于宇宙中各个星球的引力场、重力场和磁场不同，外星人的相貌、体能也应各不相同。到目前为止，“访问”过地球的外星人大致可以分为四类：矮人型类人生命体、蒙古人型类人生命体、巨爪型类人生命体和飞翼型类人生命体。矮人型类人生命体身高在0.9~1.35米之间，是宇宙中的“侏儒”。蒙古人型类人生命体身长在1.20~1.80米之间，形态与地球人相近。巨爪型类人生命体曾在南美洲的委内瑞拉出现过，但在20世纪50年代后，就再也没人看到过。至于飞翼型类人生命体，就更是罕见，很少能有目击者见到。以上这些仅仅是猜测，实际上，外星人究竟有多少种类，现在还没有得到准确的答案。

在影视作品中，外星人常常在一片光亮中走下UFO。

外星人怎样维持生命

飞船上的热能可以为外星人提供生命所需要的能量。

科学研究发现，外星人与地球人获取能量的方式有很大的差别。人类主要是通过食物和水来维持生命，这是由地球的生态环境决定的。同样，外星人的能量摄取方式也是由它们所在的星球环境决定的。有些专家认为，外星人是通过宇宙空间的巨大磁场，来吸收太空中的某些物质，而转化为维持生命的能源。他们有着比人类更高级、更神奇的新陈代谢功能，其呼吸系统、血液循环系统很有可能就是他们的生命之源。这种观点虽然被大多数学者所接受，可是迄今为止，却没有任何一个人能对此说法提供充分的证据。但可以肯定的是，外星人获取能量的方式应该比我们地球人更先进。至于他们究竟以何种方式或者是哪些方式来获取能量，到现在也没有确定的答案，这些都还是尚未解开的宇宙之谜。

一种观点认为，外星人身上不断发出的光芒就是它们赖以生存的能源。

wài xīng rén yě huì sǐ wáng ma

外星人也会死亡吗

rén lèi yìn xiàng zhōng de wài xīng rén shì yī
人类印象中的外星人是一
zhǒng kě yǐ xiāo chú yī qiè jí bìng kào xī shōu
种可以消除一切疾病，靠吸收
yǔ zhòu zhōng de néng liàng lái wéi chí shēng cún de
宇宙中的能量来维持生存的
shēng wù jì rán bù huì shēng bìng yòu yǒu wú
生物。既然不会生病，又有无
xiàn de néng liàng lái yuán nà tā men hái huì sǐ
限的能量来源，那他们还会“死
wáng ma kē xué jiā men gū suàn wài xīng rén
亡”吗？科学家们估算，外星人
de píng jūn shòu mìng shì suì dá dào zhè ge
的平均寿命是2000岁，达到这个
nián jì wài xīng rén jiù huì jìn rù lǎo nián shēng
年纪，外星人就会进入老年，生
mìng yě kāi shǐ zhú jiàn zǒu xiàng sǐ wáng kě shì
命也开始逐渐走向死亡。可是
yě yǒu rén bù tóng yì zhè zhǒng shuō fǎ rèn wéi
也有人不同意这种说法，认为
wài xīng rén jù yǒu tè shū de xīn chén dài xiè xì
外星人具有特殊的新陈代谢系
tǒng kě yǐ tōng guò tài kōng néng liàng zǔ zhǐ
统，可以通过太空能量，阻止
tā men de shēn tǐ xì bāo shuāi lǎo shèn zhì kě
他们的身体细胞衰老，甚至可
yǐ shǐ zì jǐ chóng xīn nián qīng huò dé xīn shēng
以使自己重新年轻、获得新生，
chéng wéi kě yǐ héng jiǔ cún zài de shēng wù
成为可以恒久存在的生物。
xiàn zài zhè liǎng zhǒng shuō fǎ suī rán gè yǒu dào
现在这两种说法虽然各有道
lǐ dàn shì rén lèi bì jìng hái méi yǒu zhēn zhèng
理，但是人类毕竟还没有真正
zhǎng wò guān yú wài xīng rén de zhēn shí xiàn suǒ
掌握关于外星人的真实线索，
wài xīng rén shì fǒu yě huì shēng lǎo bìng sǐ yě
外星人是否也会生老病死，也
jiù wú cóng pàn duàn le
就无从判断了。

宇宙中的任何星球要成为外星人定居的场所，都需要具备允许生命存在的基本条件。

长寿的外星人只有不断向其他星球移民，才能保证他们有足够的生存空间。

wài xīng rén de wén míng huì yǒu duō fā dá

外星人的文明会有多发达

在人类未知的其他星球中，也许就存在着外星人建立的文明社会。

wài xīng rén yě yōng yǒu hé rén lèi yī yàng
外星人也拥有和人类一样
de wén míng ma wài xīng rén de shè huì shì yī
的文明吗？外星人的社会是一
ge yǒu zhe zhuó yuè de wén huà hé kē jì chéng jiù
个有着卓越的文化和科技成就
de gāo jí shè huì hái shì yī ge méi yǒu sī
的高级社会，还是一个没有思
xiǎng de bù luò ne yǒu rén rèn wéi wài xīng rén
想的部落呢？有人认为外星人
kěn dìng yǒu zì jǐ de wén míng tā men fā dá
肯定有自己的文明，他们发达
de kē jì jiù shì gāo dù wén míng de yī zhǒng tǐ
的科技就是高度文明的一种体
xiàn kě shì yě yǒu rén jué de zhì néng jī xiè
现。可是也有人觉得智能机械
bìng bù néng wán quán qǔ dài wén míng rú guǒ yī ge zhǒng zú zhǐ yǒu jì shù méi yǒu wén zì lì
并不能完全取代文明，如果一个种族只有技术，没有文字、历
shǐ hé wén huà zhè xiē yào sù nà tā men yě zhǐ shì tíng liú zài wén míng de chū jí jiē duàn wèi
史和文化这些要素，那他们也只是停留在文明的初级阶段。为
le xún zhǎo dá àn nà xiē rè zhōng yú yán jiū wài xīng kē jì de xué zhě jiāng wài xīng wén míng yě nà
了寻找答案，那些热衷于研究外星科技的学者将外星文明也纳
rù le tàn xún de fàn wéi wài xīng rén de shè huì wén míng jí qí fā dá chéng dù yě kāi shǐ chéng
入了探寻的范围，外星人的社会文明及其发达程度也开始成
wéi rén men zài tài kōng zhōng guān zhù de jiāo diǎn zhī yī
为人们在太空中关注的焦点之一。

外星人的文明发展程度到现在也不得而知。

人类可以和外星人取得联系吗

运用地球上的高科技仪器在宇宙中寻找智慧生命，是航天探索的主要任务之一。

如果可以和外星人建立联系，就再也没有人会质疑外星人的存在了。可是，人类真的能和外星人取得联系吗？科学家们使用在宇宙中可以防腐蚀的铜为原料制成金碟，记录人类文明，并且将它装在飞往太空的探测器上。如果探测器探索的星球刚好存在智慧生命，它们就可以借着金碟了解地球。1977年，美国发射的“旅行者号”探测器就携带着这种金碟。同时，地球上的科学家还使用一种无线电波寻找外星信号。这种无线电波灵敏度高，是自然界中的标准波长，所有的智慧型生命都应该能接收到。自1960年起，美国的天文学家们就已经开始进行无线电波寻找工作，将这种电波发射到邻近的星球上去。但是到目前为止，人类还没有收到从这些星球上传来的任何回复。

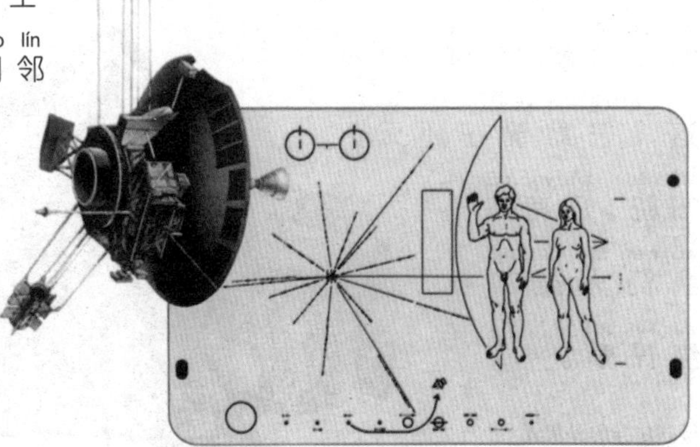

“先驱者号”上携带的“地球的名片”

wài xīng rén zhōng de guài tāi zhī mí
外星人中的“怪胎”之谜

有的外星人长得很像我们人类。

wài xīng rén de xíng xiàng zài wǒ men
外星人的形象在我们
yǎn zhōng yī zhí shì chǒu lòu huò qí guài de
眼中一直是丑陋或奇怪的，
hǎo xiàng nà cái shì wài xīng rén yīng gāi yǒu de
好像那才是外星人应该有的
mú yàng yào shì nǎ ge wài xīng rén zhǎng
模样。要是哪个外星人长
de yǔ dì qiú rén yī yàng shèn zhì bǐ dì
得与地球人一样，甚至比地
qiú rén hái piào liang nà kě zhēn suàn de shàng
球人还漂亮，那可真算得上
shì wài xīng rén zhōng de guài tāi le
是外星人中的“怪胎”了。

jìn nián lái mǒu xiē kē huàn diàn yǐng zhōng chū xiàn le měi lì de wài xīng gōng zhǔ xíng xiàng dùn shí
近年来，某些科幻电影中出现了美丽的外星公主形象，顿时
ràng suǒ yǒu duì wài xīng rén zháo mí de rén yǎn qián yī liàng zài wèi zhī de yǔ zhòu kōng jiān zhōng
让所有对外星人着迷的人眼前一亮。在未知的宇宙空间中
zhēn de yǒu rú cǐ měi lì de wài xīng rén ma jù yī xiē zì chēng kàn jiàn guò wài xīng rén de
真的有如此美丽的外星人吗？据一些自称“看见过”外星人的
mù jī zhě huí yì shuō yǒu de wài xīng rén shì cún zài xìng bié chā yì de ér qiě nà xiē nǚ
目击者回忆说，有的外星人是存在性别差异的，而且那些“女
xìng wài xīng rén hé wǒ men dì qiú rén yī yàng měi lì dàn dà duō shù rén què rèn wéi wài xīng
性”外星人和我们地球人一样美丽。但大多数人却认为外星
rén gè gè miàn mào chǒu lòu yòng dì qiú rén de yǎn guāng lái kàn tā men bù jǐn wǔ guān bù
人个个面貌丑陋。用地球人的眼光来看，他们不仅五官不
quán ér qiě dà dōu mù guāng dāi sè miàn wú biǎo qíng wài xīng rén zhōng zhēn
全，而且大都目光呆涩，面无表情。外星人中真
de yǒu měi lì de guài tāi cún zài ma
的有美丽的“怪胎”存在吗？
zhè ge dá àn xiàn zài hái wú rén
这个答案现在还无人
zhī xiǎo hái yǒu dài yú
知晓，还有待于
wǒ men rén lèi de jì
我们人类的继
xù tàn suǒ
续探索。

模样怪异的外星人

wài xīng rén yù nàn shì jiàn zhī mí

外星人遇难事件之谜

外星人的飞船一旦遇险坠毁，他们生还的机会就会很小。

nián yuè de
1948年3月的
yī tiān yī jià yuán xíng
一天，一架圆形
fēi dié chū xiàn zài měi guó
飞碟出现在美国
de yī ge jūn shì jī dì
的一个军事基地
fù jìn bù jiǔ hòu zhuì
附近，不久后坠
huǐ yǒu guān jī gòu jìn
毁。有关机构进
xíng diào chá hòu fā xiàn
行调查后发现，
fēi dié de wài ké shì cǎi
飞碟的外壳是采
yòng hán yǒu duō zhǒng
用含有30多种
yuán sù de qīng jīn shǔ zhì chéng de bǐ jīn gāng shí hái yào jiān yìng ér qiě néng gòu chéng shòu zhù
元素的轻金属制成的，比金刚石还要坚硬，而且能够承受住
de gāo wēn zhè shì dāng shí zài dì qiú shí yàn shì de tiáo jiàn xià gēn běn wú fǎ zhì zào
10000℃的高温，这是当时在地球实验室的条件下根本无法制造
chū lái de fēi dié chú le yǒu jiān yìng de wài ké lǐ miàn hái zhuāng yǒu zì dòng jià shǐ yí
出来的。飞碟除了有坚硬的外壳，里面还装有自动驾驶仪、
wú xiàn diàn fā shè jī děng qí tā wù pǐn gòng jì jiàn jù shuō diào chá yuán hái zài fēi dié
无线电发射机等其他物品，共计150件。据说，调查员还在飞碟
lǐ miàn fā xiàn le wài xīng rén de shī tǐ tā men de shēn
里面发现了外星人的尸体，他们的身
gāo zài lí mǐ zuǒ yòu dàn shì yě yǒu yī xiē jiān
高在90厘米左右。但是，也有一些坚
jué fǎn duì wài xīng rén shuō de xué zhě rèn wéi zhè
决反对“外星人说”的学者认为，这
zhǐ shì měi guó jūn duì wèi le yǎn rén ěr mù yǐ biàn jìn
只是美国军队为了掩人耳目，以便进
xíng bù kě gào rén de jūn shì huó dòng suǒ sàn fā de yān
行不可告人的军事活动所散发的烟
mù dàn zhēn xiàng jiū jìng rú hé wài xīng rén dào dǐ yǒu
幕弹。真相究竟如何，外星人到底有
méi yǒu yù nàn xiàn zài yě bù dé ér zhī
没有遇难，现在也不得而知。

在影视作品中，常常出现这样的场景：一个巨大的飞碟坠毁在山谷。

wài xīng rén néng kòng zhì shí guāng ma

外星人能控制时光吗

如果外星人真的能够控制时光，那他们就可以在宇宙中的任何星球间往返。

yī xiē zhuān jiā rèn wéi wài xīng rén bù shì chuān
一些专家认为，外星人不是穿
yuè kōng jiān ér shì suí yì de kòng zhì shí guāng kuà yuè
越空间，而是随意地控制时光，跨越
shí jiān de jù lí dào tā men xiǎng yào qù de dì fang
时间的距离，到他们想要去的地方。
dàn shì zhè kě néng ma jiān chí zhè zhǒng xué shuō de zhuān
但是这可能吗？坚持这种学说的专
jiā men rèn wéi wài xīng rén de shí kōng guān niàn hé dì
家们认为，外星人的时空观念和地
qiú rén shì bù yī yàng de rén lèi mù qián duì shí jiān
球人是不一样的。人类目前对时间
de rèn shi hái tíng liú zài shí jiān de bù kě nì zhuǎn hé
的认识还停留在时间的不可逆转和
yǒng bù tíng zhǐ jiē duàn ér mǒu xiē wài xīng rén kě néng
永不停止阶段，而某些外星人可能
zǎo yǐ chéng wéi shí jiān de zhǔ rén kě yǐ ràng shí jiān suí zhe tā men de yì shí jiā kuài jiǎn
早已成为时间的主人，可以让时间随着它们的意识加快、减
màn tíng zhǐ shèn zhì shì dào zhuǎn suī rán zhè zhǒng shuō fǎ dé dào le hěn duō rén de rèn tóng
慢、停止，甚至是倒转。虽然这种说法得到了很多人的认同，
dàn dào mù qián wéi zhǐ méi yǒu rèn hé rén néng gòu tí gōng chōng fèn de zhèng jù lái zhèng míng zhè
但到目前为止，没有任何人能够提供充分的证据来证明这
zhǒng guān diǎn zhèng què yǔ fǒu yīn cǐ yǒu rén rèn wéi suī rán wài xīng rén yōng yǒu jí gāo de
种观点正确与否。因此有人认为，虽然外星人拥有极高的
zhì huì dàn tā men bìng bù néng
智慧，但他们并不能
suí yì de kòng zhì shí jiān xiāng
随意地控制时间。相
fǎn wài xīng rén yě xǔ zhèng shì
反，外星人也许正是
lì yòng le shí guāng de mǒu xiē tè
利用了时光的某些特
diǎn cái néng gòu shùn lì de áo yóu
点才能够顺利地遨游
yú yǔ zhòu kōng jiān zhēn xiàng
于宇宙空间。真相
jiū jìng rú hé xiàn zài yě wú
究竟如何，现在也无
rén zhī xiǎo
人知晓。

利用航天技术开发太空，也许有一天，人类也可以成为时空的主宰。

wài xīng rén de shēng wù shí yàn zhī mí

外星人的生物实验之谜

在太空中进行的实验

wài xīng rén cháng cháng jié chí dì qiú shang de dòng wù
外星人常常劫持地球上的动物
shèn zhì rén lèi lái jìn xíng shēng wù shí yàn zhè bù jīn
甚至人类来进行生物实验。这不禁
ràng rén men gǎn dào kùn huò jì rán wài xīng rén yōng yǒu fā
让人们感到困惑：既然外星人拥有发
dá de kē jì hái jù yǒu yì hū xún cháng de chāo néng
达的科技，还具有异乎寻常的超能
lì nà tā men wèi shén me hái yào jìn xíng shēng wù shí yàn
力，那他们为什么还要进行生物实验
ne tā men zuò shí yàn de duì xiàng shì dì qiú rén ma
呢？他们做实验的对象是地球人吗？
jìn nián lái shì jiè shang yǒu de dì fang bù duàn yǒu rén fā
近年来，世界上有的地方不断有人发
xiàn lèi sì rén yī yàng de shēng wù zài huó dòng zhè xiē shēng
现类似人一样的生物在活动。这些生
wù jiū jìng shì shén me yòu shì cóng shén me dì fang lái de
物究竟是什么，又是从什么地方来的
ne mù qián yóu yú duì zhè ge wèn tí hái méi yǒu hé
呢？目前，由于对这个问题还没有合
lǐ de jiě shì suǒ yǐ zhǐ néng tí chū gè shì gè yàng de jiǎ shè xǔ duō zhuān jiā rèn wéi suǒ
理的解释，所以只能提出各式各样的假设。许多专家认为，所
wèi de yě rén yě xǔ jiù shì wài xīng rén fā sòng dào dì qiú shàng lái de shí yàn pǐn rú tóng
谓的“野人”也许就是外星人发送到地球上来的实验品，如同
dì qiú rén fā sòng dào yuè qiú shang qù de dòng wù
地球人发送到月球上去的动物
shí yàn pǐn yī yàng jì rán dì qiú rén kě yǐ
实验品一样。既然地球人可以
xiàng wài xīng fā shè tàn cè shí yàn pǐn nà yòu
向外星发射探测实验品，那又
yǒu shuí néng kěn dìng wài xīng shēng wù bù shì yǒu
有谁能肯定外星生物不是有
zhì lì de gāo jí shēng mìng ne shì shí guǒ zhēn
智力的高级生命呢？事实果真
rú cǐ ma zhè hái xū yào wǒ men rén lèi de
如此吗？这还需要我们人类的
nǔ lì tàn suǒ
努力探索。

为了开发宇宙，人类也将航天飞机送上太空，开始进行各种实验。

wài xīng rén fǎng wèn guò dì qiú ma
外星人访问过地球吗

wài xīng rén fǎng wèn guò dì qiú ma wèi shén me yǒu
外星人访问过地球吗？为什么有
hěn duō rén dōu shēng chēng kàn dào guò fēi dié wài xīng rén
很多人都声称看到过飞碟、外星人，
huò shì céng bèi lái dào dì qiú de wài xīng rén zhuā qù ne
或是曾被来到地球的外星人抓去呢？
yī wèi yìn dù de fàn wén yán jiū zhě hái chēng zì jǐ zài
一位印度的梵文研究者还称，自己在
gǔ dài de shǒu gǎo zhōng fā xiàn le duì yǔ zhòu fēi chuán huǒ
古代的手稿中发现了对宇宙飞船、火
jiàn fā shè fā shè chǎng dì hé kē jì huà zhàn zhēng jìn
箭发射、发射场地和科技化战争进
xíng jīng què miáo shù de wén zhāng jù cǐ zhuān jiā men dé chū le zhè zhǒng jié lùn zǎo zài shàng
行精确描述的文章。据此，专家们得出了这种结论：早在上
gǔ shí qī tiān wài lái kè jiù yǐ jīng zài dì qiú shang liú xià le hén jì xiàn dài rén zhōng yě
古时期，天外来客就已经在地球上留下了痕迹。现代人中也
yǒu hěn duō rén shēng chēng zì jǐ céng jiē chù guò wài xīng rén huò zhě bèi dài rù wài xīng fēi chuán zuì
有很多人声称自己曾接触过外星人或者被带入外星飞船。最
bù kě sī yì de shì zhè xiē rén kě
不可思议的是，这些人可
yǐ zài cuī mián zhuàng tài xià zhǔn què de miáo
以在催眠状态下准确地描
huì chū yǔ zhòu xíng xīng de fāng wèi huò shì
绘出宇宙行星的方位或是
fēi chuán li de gāo kē jì diàn zǐ yí qì
飞船里的高科技电子仪器，
ér dāng shì rén zài qīng xǐng de zhuàng tài xià
而当事人在清醒的状态下
shì bù jù bèi zhè zhǒng zhuān yè zhī shi
是不具备这种专业知识
de suǒ yǐ wài xīng rén shì bù shì
的。所以，外星人是不是
zhēn de fǎng wèn guò dì qiú yǐ jí tā
真的访问过地球，以及他
men zài hé shí fǎng wèn le dì qiú dào
们在何时访问了地球，到
mù qián wéi zhǐ hái méi yǒu rén néng gòu shuō
目前为止还没有人能够说
qīng chu
清楚。

自然界中的岩石也成为了科学家研究外星人是否到过地球的依据。

有的科学家推测外星人可能在南极建立了秘密基地。

chéng yǔn xīng lái dì qiú de shén mì kè

乘陨星来地球的神秘客

人类想象中的外星人基地

nián tōng gǔ sī xīng fā shēng bào zhà
1908年，通古斯星发生爆炸，
zài dì qiú shang liú xià le tā de yǔn luò wù zài
在地球上留下了它的陨落物。在
shì gé jiāng jìn nián de nián yī zhī tàn xiǎn
事隔将近90年的1993年，一支探险
duì jìn rù bā xī de rè dài yǔ lín kǎo chá zài
队进入巴西的热带雨林考察，在
dāng dì yù dào le yī wèi míng jiào zé qí niǔ
当地遇到了一位名叫“泽齐纽”
de shén mì rén zhè ge rén zì chēng shì chéng zuò
的神秘人。这个人自称是乘坐
tōng gǔ sī yǔn xīng lái dào dì qiú shang de wài
“通古斯陨星”来到地球上的外
xīng shǒu lǐng tā gào su jì zhě tā de jiā xiāng
星首领。他告诉记者，他的家乡
shì tè luó ā kè xīng qiú ér qiě xīng qiú shang de měi ge rén dōu yōng yǒu zì jǐ de fēi chuán
是“特罗阿克”星球，而且星球上的每个人都拥有自己的飞船。
tā men de fēi chuán cǎi yòng tè shū de cái liào hé jīn shǔ piàn zhì chéng kě yǐ suí shí chuān xíng yú
他们的飞船采用特殊的材料和金属片制成，可以随时穿行于
zhěng gè yǔ zhòu kōng jiān yě kě yǐ suí yì kuà yuè shí jiān zé qí niǔ lái dào dì qiú de zhǔ
整个宇宙空间，也可以随意跨越时间。泽齐纽来到地球的主
yào mù dì shì liǎo jiě rén lèi bìng cóng shì gè gè lǐng yù de láo dòng hé shēng chǎn zé qí niǔ
要目的是了解人类，并从事各个领域的劳动和生产。泽齐纽
de xù shù zhǐ yǒu zài kē huàn
的叙述只有在科幻
gù shi zhōng cái néng jiàn dào
故事中才能见到，
shí zài lìng rén nán yǐ zhì xìn
实在令人难以置信，
dàn shì zhǐ yào rén lèi yī tiān
但是只要人类一天
jiě bù kāi zhè xiē mí tuán
解不开这些谜团，
wǒ men jiù méi yǒu bàn fǎ fēn
我们就没有办法分
biàn zhè ge shén mì kè de gù
辨这个神秘客的故
shi jiū jìng shì zhēn hái shì jiǎ
事究竟是真还是假。

亚马孙河两岸就是茂密的热带雨林。

wài xīng rén wèi shén me huì jié chí rén lèi
外星人为什么会劫持人类

有人认为罕见的天象奇观是外星人制造的。

yǒu xiē rén shēng chēng zì jǐ céng bèi wài xīng rén
有些人声称自己曾被外星人
jié zǒu rú guǒ zhè shì zhēn de wài xīng rén jié chí
劫走。如果这是真的，外星人劫持
dì qiú rén de mù dì shì shén me ne xiāng xìn wài
地球人的目的是什么呢？相信“外
xīng rén cún zài shuō de kē xué jiā zài cháo zhe zhè ge
星人存在说”的科学家在朝着这个
fāng xiàng qù xún zhǎo dá àn dàn què yīn wèi quē shǎo
方向去寻找答案，但却因为缺少
zhèng jù ér shuō fǎ bù yī yǒu rén rèn wéi wài xīng rén
证据而说法不一。有人认为外星人
jié chí rén lèi de mù dì shì wèi le jìn yī bù liǎo jiě dì
劫持人类的目的是为了进一步了解地
qiú yǔ rén lèi jiāo liú hái yǒu rén jué de wài xīng rén shì wèi le
球，与人类交流；还有人觉得外星人是为了
ràng dì qiú rén liǎo jiě tā men cái jiāng rén lèi cóng dì qiú dài zǒu dàn shì zhè zhǒng shuō fǎ bìng
让地球人了解他们才将人类从地球带走，但是这种说法并
méi yǒu bèi duō shù rén rèn kě yīn wèi
没有被多数人认可，因为
suǒ yǒu zì chēng céng bèi wài xīng rén dài zǒu
所有自称曾被外星人带走
de rén dōu shī qù le yǒu guān jì yì
的人都失去了有关记忆，
dà nǎo biàn chéng le yī piàn kòng bái ér
大脑变成了一片空白；而
zuì cháng jiàn de shuō fǎ shì wài xīng rén zài
最常见的说法是外星人在
lì yòng dì qiú rén jìn xíng shēng wù shí yàn
利用地球人进行生物实验，
jiù xiàng rén lèi jìn xíng de dòng wù shí yàn
就像人类进行的动物实验
yī yàng wài xīng rén jiū jìng yǒu méi yǒu
一样。外星人究竟有没有
jié chí guò rén lèi tā men zhè yàng zuò
劫持过人类，他们这样做
de mù dì yòu shì shén me xiàn zài hái
的目的又是什么？现在还
méi yǒu rén zhī dào dá àn
没有人知道答案。

很多的人都声称自己曾被外星人劫到了飞碟上。

wài xīng rén de yǔ yán zhī mí

外星人的语言之谜

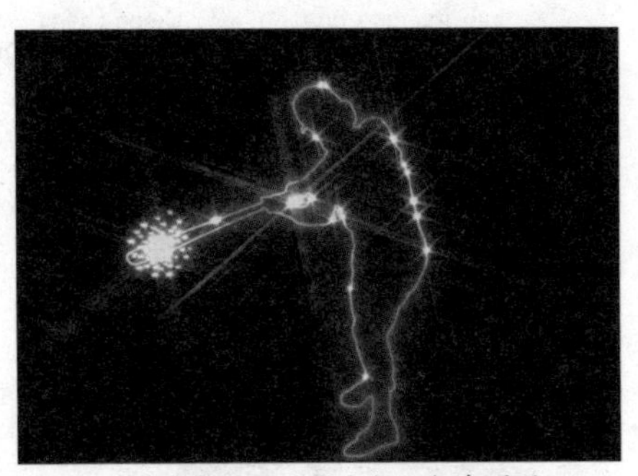

外星人究竟会使用哪种语言与人类沟通呢?

wài xīng rén lái dào dì qiú rú guǒ tā men
外星人来到地球，如果他们
yào hé rén lèi gōu tōng de huà tā men huì shǐ yòng
要和人类沟通的话，他们会使用
nǎ zhǒng yǔ yán ne yǒu de rén rèn wéi wài xīng rén
哪种语言呢？有的人认为，外星人
huì jiǎng liú lì de yīng yǔ nián yī wèi mù
会讲流利的英语。1961年，一位目
jī guò wài xīng rén de fù nǚ huí yì shuō dāng wài
击过外星人的妇女回忆说，当外
xīng rén hé tā jiāo liú shí shuō de shì chún zhèng de
星人和她交流时，说的是纯正的
yīng yǔ yǒu de rén què rèn wéi wài xīng rén jiǎng de shì fǎ yǔ nián fǎ guó de yī
英语。有的人却认为，外星人讲的是法语。1950年，法国的一
míng nán zi zài sàn bù shí yù dào jǐ ge wài xīng rén zhèng zài xiū lǐ fēi dié shang de jī qì líng
名男子在散步时遇到几个外星人正在修理飞碟上的机器零
jiàn zhè wèi nán zi chū yú hào qí jiù zǒu shàng qù wèn tā men chū le gù zhàng ma
件。这位男子出于好奇，就走上去问他们：“出了故障吗？”
wài xīng rén yě yòng fǎ yǔ huí dá shuō shì de bù guò yī huìr jiù xiū hǎo jù tā huí
外星人也用法语回答说：“是的，不过一会儿就修好。”据他回
yì zhè ge wài xīng rén jiǎng de fǎ yǔ màn tūn tūn de fā yīn yě bù shì tè bié qīng xī shèn
忆，这个外星人讲的法语慢吞吞的，发音也不是特别清晰。甚
zhì hái yǒu rén rèn wéi wài xīng rén jiǎng de shì yì dà lì yǔ yī wèi
至还有人认为，外星人讲的是意大利语。一位
mù jī zhě shuō wài xīng rén céng yòng yì dà lì yǔ duì tā shuō
目击者说，外星人曾用意大利语对他说
huà dào xiàn zài wéi zhǐ méi yǒu
话。到现在为止，没有
rén néng gòu zhǔn què shuō chū wài xīng rén
人能够准确说出外星人
jiū jìng huì shǐ yòng nǎ zhǒng yǔ
究竟会使用哪种语
yán zhè yī qiè hái dōu
言。这一切还都
shì yī ge mí
是一个谜。

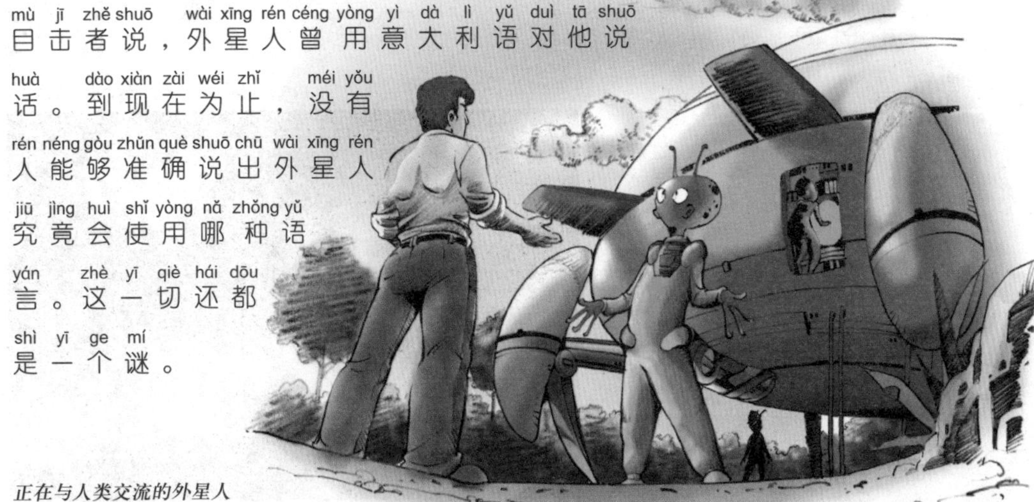

正在与人类交流的外星人

xīn diàn gǎn yìng zhī mí

心电感应之谜

suī rán hěn duō rén dōu shēng chēng wài xīng rén huì shǐ yòng rén lèi de yǔ yán hé tā men jiāo
虽然很多人都声称外星人会使用人类的语言和他们交
tán dàn shì yǒu de mù jī zhě què rèn wéi wài xīng rén shì tōng guò xīn diàn gǎn yìng hé tā men
谈，但是，有的目击者却认为，外星人是通过心电感应和他们
jiāo liú de yī wèi mù jī zhě shuō píng shí tā bìng bù jù bèi xīn diàn gǎn yìng de néng lì
交流的。一位目击者说，平时他并不具备心电感应的能力，
dàn rén de sī wéi shì yī zhǒng xìn xī bō wài xīng rén kě yǐ jiē shōu fān yì shèn zhì kòng zhì
但人的思维是一种信息波，外星人可以接收、翻译甚至控制
zhè zhǒng bō suǒ yǐ dāng tā hé wài xīng rén jiē chù hòu
这种波。所以，当他和外星人接触后，
hěn zì rán de jiù chǎn shēng le xīn diàn gǎn yìng de
很自然地就产生了心电感应的
néng lì zhè ge mù jī zhě hái shuō wài
能力。这个目击者还说，外
xīng rén xiāng hù zhī jiān shǐ yòng de yǔ yán shì
星人相互之间使用的语言是
dì qiú rén wú fǎ lǐ jiě de tā men yǒu
地球人无法理解的。他们有
shí hou huì zuò chū yǒu hǎo de shǒu shì bìng gào su
时候会做出友好的手势，并告诉
tā fēi dié qǐ fēi shí huì yǒu wēi xiǎn rén lèi yī dìng bù
他：飞碟起飞时会有危险，人类一定不
yào kào jìn yǒu shí tā men hái huì gào su mù jī zhě tā men xià cì
要靠近。有时他们还会告诉目击者他们下次
zài lái de shí jiān wài xīng rén zhēn de huì hé rén lèi chǎn shēng xīn diàn gǎn yìng ma xiàn zài hái
再来的时间。外星人真的会和人类产生心电感应吗？现在还
méi yǒu kě kào de zhèng jù kě yǐ zhèng
没有可靠的证据可以证
míng zhè yī shuō fǎ yīn cǐ yǒu hěn
明这一说法。因此有很
duō rén duì zhè wèi mù jī zhě shuō de
多人对这位目击者说的
huà biǎo shì huái yí guān yú zhè ge
话表示怀疑。关于这个
wèn tí zhēn shí yǔ fǒu dào xiàn zài
问题真实与否，到现在
hái shì yī ge shàng wèi jiě kāi de mí
还是一个尚未解开的谜。

人类和地外生命之间是否有心电感应，现在还无法确定。

外星人真的会和人类产生心电感应吗？

wài xīng yīng ér zhī mí

“外星婴儿”之谜

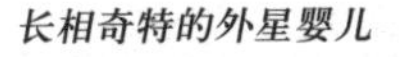
长相奇特的外星婴儿

nián yuè de yī ge bàng wǎn sū lián mǒu ge dì qū de cūn
1983年7月的一个傍晚，苏联某个地区的村
mín men fā xiàn yī ge huǒ hóng de fā guāng tǐ tū rán chū xiàn zài tiān
民们发现，一个火红的发光体突然出现在天
kōng jǐ miǎo zhōng hòu kōng zhōng chuán lái le jǐ shēng jù xiǎng bào zhà
空，几秒钟后，空中传来了几声巨响，爆炸
shēng zhèn dòng shān gǔ dì èr tiān wǎn shang rén men
声震动山谷。第二天晚上，人们
zài shān gǔ li fā xiàn le yī ge cóng tiān shang luò xià
在山谷里发现了一个从天上落下
lái de tuǒ yuán xíng jīn shǔ qiú tǐ lǐ miàn jū rán yǒu
来的椭圆形金属球体，里面居然有
yī ge zhèng zài shú shuì de nán yīng hái zi lì jí bèi
一个正在熟睡的男婴！孩子立即被
sòng wǎng le dāng dì yī yuàn zhào liào yīng hái de yī wèi yī
送往了当地医院，照料婴孩的一位医
wù rén yuán shuō nà hái zi hěn xiàng wǒ men dì qiú yīng ér
务人员说：那孩子很像我们地球婴儿。
dàn shì tā de shǒu zhǐ hé jiǎo zhǐ zhī jiān yǒu pǔ yǎn jing shì qí guài de zǐ sè jūn fāng hòu
但是，他的手指和脚趾之间有蹼，眼睛是奇怪的紫色。军方后
lái duì jì zhě shuō zhǒng zhǒng jì xiàng biǎo míng zhè shì yī ge wài xīng yīng ér shì yī jià chū
来对记者说：“种种迹象表明，这是一个外星婴儿，是一架出
shì de fēi dié zài wēi jí shí kè shì fàng zài yǔ zhòu kōng jiān de kě xī de shì zhè ge wài
事的飞碟在危急时刻释放在宇宙空间的。”可惜的是，这个外
xīng yīng ér shēng cún le jìn yī nián zhī hòu jiù tū rán fā bìng sǐ qù zhè ge hái zi zhēn de
星婴儿生存了近一年之后，就突然发病死去。这个孩子真的
shì lái zì dì wài xīng qiú ma
是来自地外星球吗？
zài tā jiàng luò dì qiú de nà yī
在他降落地球的那一
shùn jiān yǔ zhòu zhōng jiū jìng fā
瞬间，宇宙中究竟发
shēng le shén me shì ne zhēn shí
生了什么事呢？真实
dá àn zhì jīn wú rén zhī xiǎo
答案至今无人知晓。

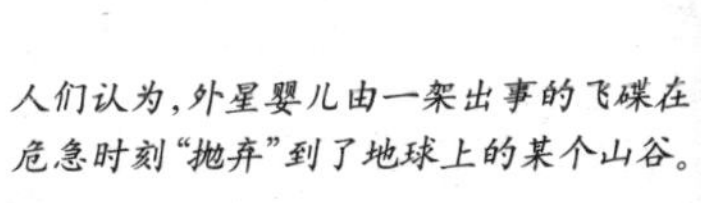
人们认为，外星婴儿由一架出事的飞碟在危急时刻“抛弃”到了地球上的某个山谷。

yě rén shì wài xīng rén ma

野人是外星人吗

大多数专家认为，“野人”是外星人发送到地球上来的实验品。

1963年，在美国俄勒冈州，一对夫妇正在河边钓鱼。突然，他们看见河对岸有一个像人一样的东西在瞧着他们。这个“野人”高约4米，长着灰色的头发，绿色的眼睛。这对夫妇吓得连忙逃走了。后来，记者前往“野人”出现的地区调查，在地上拍到了很多奇怪的脚印。这些脚印长40厘米，宽15厘米，两个脚印间的距离长达2米。根据它们可以估计，留下这些脚印的生物体重达350千克。而且，在这条河边发现的还不止一个“野人”。有些人认为，所谓的“野人”就是外星人。

一对夫妇在河边看到了“野人”。

但大多数专家认为，“野人”应该是外星人发送到地球上来的实验品，就像人类发送到月球上的动物实验品一样。真相究竟如何，现在还没有人能解开这个谜。

jù xíng jiǎo yìn shì wài xīng rén liú xià de ma

巨型脚印是外星人留下的吗

科学家偶然发现了巨大的神秘脚印。

nián měi guó kē xué jiā màn sī tè zài
1978年，美国科学家曼斯特在
yóu tā zhōu xī bù de líng yáng zhèn cǎi jí yán shí shí
犹他州西部的羚羊镇采集岩石时，
fā xiàn le yī ge cháng dá lí mǐ de jiǎo yìn lìng
发现了一个长达25厘米的脚印。令
rén jīng yì de shì zài zhè ge jiǎo yìn xià yǒu sān
人惊异的是，在这个脚印下，有三
yè chóng bèi cǎi tà de hén jì zài měi guó kān sà
叶虫被踩踏的痕迹。在美国堪萨
sī zhōu bā kè sī tǎ kuàng qū de shā yán zhōng zé fā xiàn le
斯州巴克斯塔矿区的砂岩中，则发现了
cháng yuē lí mǐ de jù xíng jiǎo yìn jīng guò kē xué jiā
长约90厘米的巨型脚印。经过科学家
de jiàn dìng biǎo míng zhè xiē jiǎo yìn zuì jìn de yě shì zài jù jīn yì duō nián qián de dì céng zhōng
的鉴定表明：这些脚印最近的也是在距今2亿多年前的地层中
fā xiàn de ér qiě tā men pái chú le rén gōng sù zào de kě néng wèn tí shì shù yì nián
发现的，而且，他们排除了人工塑造的可能。问题是，数亿年
qián rén lèi bìng méi yǒu chū xiàn yě méi yǒu chū xiàn guò gēn rén lèi zú jì lèi sì de dà xíng dòng
前人类并没有出现，也没有出现过跟人类足迹类似的大型动
wù tā men bù shì bǔ rǔ lèi pá xíng lèi dòng wù yí liú xià lái de yǒu de rén rèn wéi
物，它们不是哺乳类、爬行类动物遗留下来的。有的人认为，
dà yuē zài shù yì nián qián dì qiú shang yǐ jīng yǒu zhǎng zhe jiǎo de shēng wù cún zài jiǎo de xíng
大约在数亿年前，地球上已经有长着脚的生物存在，脚的形
zhuàng hé rén lèi xiāng sì
状和人类相似，
tā men jiù shì néng yòng shuāng
他们就是能用双
zú zhí lì xíng zǒu de wài
足直立行走的外
xīng rén zhēn shí dá àn
星人。真实答案
shì bù shì rú cǐ xiàn
是不是如此，现
zài hái bù néng què dìng
在还不能确定。

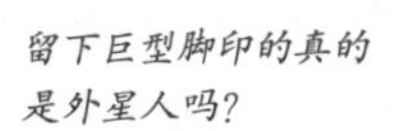

留下巨型脚印的真的是外星人吗？

电波来历之谜

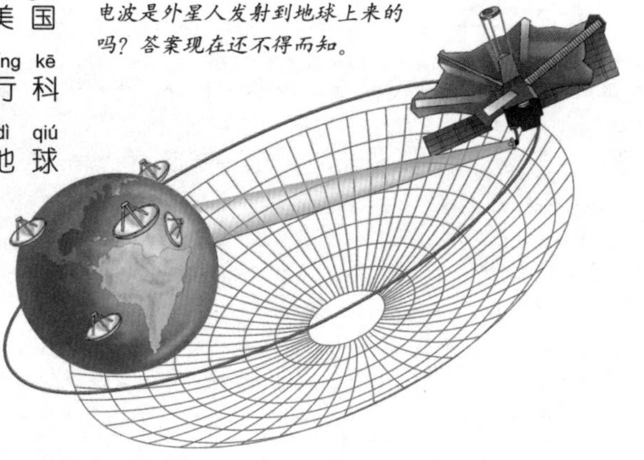

电波是外星人发射到地球上来的吗？答案现在还不得而知。

1924年8月的一天，美国的一位博士乘坐军舰进行科学研究。在火星最接近地球的地方，博士捕捉到了一种奇怪的电波。为了弄清电波的来历，博士要求美国所有发射强电波的电台临时停止广播。尽管如此，人们还是没有弄清这种奇怪的电波来自何方，表示什么意思。1958年10月，人造卫星进入太空。配备在卫星上的大型电波跟踪装置也接收到了来历不明、意思不清的奇怪电波。它使得美国和苏联宇航基地的工作人员手足无措，大惑不解。科学家们普遍认为，这些奇怪的电波肯定不是来自地球本身。那么它会不会是外星人发射到地球上来的呢？它们又代表了什么意思？这个谜还有待于科学家们的不断探索来揭示。

人造卫星接收到了奇怪的电波。

hǎi dǐ rén jiù shì wài xīng rén ma

海底人就是外星人吗

nián yuè zài sū lián xī bó lì yà ào bǐ
1984年9月，在苏联西伯利亚奥比
wān fù jìn fā shēng de fēi dié zhuì luò shì jiàn zhōng rén
湾附近发生的飞碟坠落事件中，人
men cóng xiàn chǎng jiù chū le wǔ ge wài xīng rén tā
们从现场救出了五个“外星人”。他
men gè gè hún shēn zhǎng mǎn xì xì de lín piàn méi yǒu
们个个浑身长满细细的鳞片，没有
zuǐ chún shēn tǐ qí tā bù fen tóng rén lèi hěn xiāng sì
嘴唇，身体其他部分同人类很相似。
qí zhōng yī ge xiǎo wài xīng rén tǐ zhòng yuē wéi
其中一个“小外星人”体重约为1752
kè shēn gāo mǐ shàng shēn lín piàn hěn hòu tóu lú
克，身高0.5米，上身鳞片很厚，头颅
xiàng xī yì yǎn jing xì xiǎo ér hēi méi yǒu bí liáng
像蜥蜴，眼睛细小而黑，没有鼻梁，
dàn yǒu yī ge bí kǒng pí fū chéng xiàn chū qiǎn lán sè
但有一个鼻孔，皮肤呈现出浅蓝色。
yīn wèi tā men tóng shí jù bèi le rén hé hǎi yáng dòng wù
因为他们同时具备了人和海洋动物
de tè zhēng yīn cǐ yǒu rén rèn wéi zhè xiē shuǐ xià shēng líng jiù shì wài xīng rén de mǒu ge zhǒng
的特征，因此有人认为，这些水下生灵就是外星人的某个种
zú tā men hěn kě néng shì qī xī yú shēn shuǐ zhī zhōng de tè yì wài xīng rén ér qiě hái yǒu
族，他们很可能是栖息于深水之中的特异外星人，而且还有
zhe rén lèi wú fǎ qǐ jí
着人类无法企及
de gāo dù zhì huì dàn
的高度智慧。但
hǎi dǐ de zhè xiē lèi rén
海底的这些类人
shēng wù jiū jìng shì shén me
生物究竟是什么，
dào xiàn zài hái shì yī ge
到现在还是一个
wèi jiě zhī mí méi yǒu zhǔn
未解之谜，没有准
què de dá àn
确的答案。

有人认为，海底存在着和人类相似的生命。

长相奇异的海底人

wài xīng rén yòng guāng shù zhì bìng zhī mí

外星人用光束治病之谜

1988年12月的一天，土耳其的曼尼沙市上空突然出现了一个巨型UFO。它在空中盘旋了一个小时左右后降落，并从上面走出4个外星人，它们周身散发着绿色的光芒。很多居民都目睹了这一现象。令人难以置信的是，在目击者人群中，有22名患有严重疾病的人，不论当时是在室外还是在室内，事后竟然都恢复了健康。在这些病人中，有一个瘫痪了多年的病人，在事情发生后的第二天，竟然和正常人一样行动迅速。这些不可思议的怪事传到了首都，医生们纷纷来拜访那些不治而愈的病人，他们得出结论：使病人恢复健康的是外星人发出的绿光。然而令人百思不得其解的是，为什么外星人会散发出绿光？这束光又为什么会治好人们的疾病？所有的这些问题都无法得到解释。

外星人散发出来的绿光治好了很多人的病。

外星人乘坐着UFO降落到这个城市。

huà xiàng biàn lǎo zhī mí

画像变老之谜

1980年，在百慕大三角地带的一艘游艇中发生了一件奇怪的事：该游艇中的一幅年轻女船主画像，竟然在15天内变成了一个丑陋的老太婆。这幅画像画的是游艇的女船主，它是游艇的男主人专门请画家画的。像画好后它就跟随游艇开始了航行。画像中的人物原本年轻美丽，但从旅程的第三天开始，这幅画就产生了令人惊恐的改变。画中人原本乌黑亮丽的秀发开始变白，皮肤也出现了皱纹。随着时间的流逝，画像里的人一天天老去。最后，画像中的年轻女子竟然变成牙齿脱落、满面皱纹的老太婆！有人说，画像可能是受到了海风的影响才有所改变。但大多数人却认为，百慕大三角一直以来就是一个神秘的区域，很可能是外星人的出现使画像产生了变化。直到现在，这幅画像变老之谜仍然没有被解开。

在百慕大三角地区，经过这里的船只常常会神秘失踪，连画像都会突然“变老”。

画像的女主人看到画像中的自己变成了一个老太婆，感到非常惊恐。

小女孩失踪之谜

20世纪五六十年代，法国的一个9岁小女孩玛丽在母亲及其伙伴们的注视下，跑进一片树林捡足球时竟然消失在了透明的空气中。玛丽失踪的唯一线索是在她最后被看见的地方，留下了五个圆形的痕迹，就像被火烧着了一样。经专家分析，玛丽可能是被外星人用光柱吸进UFO后劫持而去的，很多人都同意这种说法。因为有些人曾在这里看到过一个身高1～2米的大头怪，它的脸总是被纷乱的像头发一样的东西遮住，身子又瘦又小。它一见到人就马上跳入湖中，人们认为这个怪物就是外星人。但有些人又认为，玛丽可能是不经意地穿过了这个世界和另一个世界之间的通道，从而神秘地消失了。真相到底如何？这个小女孩究竟是怎样消失的？现在还没有人能解开这个谜。

跑进树林中捡足球的小女孩神秘地消失了。

专家们认为，小女孩可能就是被这样的外星人劫持了。

“法艾东”星球之谜

现在，有一种观点提出：包括火星人在内的外星人都曾在一颗叫“法艾东”的星球上创建了一个繁荣昌盛的文明国度。不幸的是，由于宇宙中发生了悲剧，“法艾东”星球迅速解体，并毁于一旦。生活在“法艾东”上的居民也随之毁灭，只有那些在悲剧发生时位于其他星球的“法艾东”人，才幸免遇难。科学家进一步推断，月球曾是“法艾东”星球的一颗卫星，但由于“法艾东”发生了悲剧，月球便被地球俘获。有可能今天乘坐飞碟来访问地球的外星人中就有幸存的“法艾东”人的后代。“法艾东”星球真的曾是外星人的家吗？这个谜到现在还无法解开。

“法艾东”星球真的存在过吗？

有的科学家推测，月球曾是“法艾东”星球的一颗卫星。

地球上的火星村落之谜

1987年4月，瑞典科学家在非洲的原始森林里进行考察时，意外地发现了一个火星人居住的村落。这些人的皮肤是黑色的，白色的眼睛里没有瞳孔。村民们相互之间说话用的是非洲土语，可当他们跟科学家交谈时，用的却是地道的瑞典语和英语。因此，科学家们在同他们交谈中了解到，这些火星人是为了躲避火星上流行的瘟疫，于176年前乘飞船来地球避难的。火星人还领他们参观了当年来地球时乘坐的交通工具——一个银色的半圆形飞船。很多人都表示怀疑，这些科学家所考察的部落真的来自火星吗？现代科学还不能确定火星上是否真有生命。看来，这个神秘村落里的人是否真的来自火星，现在还是一个谜。

在古老的非洲，科学家们发现了火星人居住的村落。

这个神秘村落里的人是否真的来自火星，现在还无人知晓。

隧道来历之谜

17世纪，一位西班牙传教士无意中发现了位于危地马拉的一条地下隧道。从地图上看，它位于安第斯山脉地下，长达1000千米以上。德国作家丹尼肯曾进入过这个隧道。在隧道中，他极其惊讶地见到了宽阔笔直的通道、精致的岩石门洞和大门，还有加工得平整光滑的屋顶，面积达2万多平方米的大厅。隧道内还有无数奇异的史前文物，其中包括那本在许多民族的远古传说中都曾提到过的金书。隧道以一种超越现代人类智慧的严密、宏大与神奇，使这位以想象大胆著称的作家惊得目瞪口呆。他毫不怀疑地认为，这是我们这个世界上最宏大的工程，它不是由人类修建的，它的主人是外星人。事实果真如此吗？这还需要人类的继续探索。

德国作家丹尼肯详细地描述了他所见到的隧道。

丹尼肯描述的隧道是否和图中的隧道相似呢？

埃及金字塔建造之谜

金字塔的创造者究竟是谁，现在还没有准确的答案。

以前人们都认为金字塔是埃及的奴隶们自己建造的，但现在许多学者不同意这种看法。他们提出：既然开罗附近有许多花岗岩山丘，那么，古埃及人为什么不用这些现成的石头，而要费很大的劲儿来制造石头呢？这些石头大的重205吨，小的也有2.5吨，仅胡夫金字塔就用了230万块这样的石头。专家们根据金字塔的规模估计，以当时的技术水平和运输能力，古埃及人是无法完成这个任务的。因此，有人认为，这些石头是外星人空运来的，金字塔也是由外星人建造的。而且从金字塔的建造特点来看，设计金字塔的人具有丰富的天文地理知识，可是，四五千年前的古埃及人是不可能具备这些知识的。虽然“金字塔是外星人建造的”这一说法有一定的道理，但它究竟是不是事实，现在还没有人能够肯定。

宏伟壮观的埃及金字塔

太阳门是外星人之门吗

有人认为太阳门和帝亚瓦纳科遗址都是外星人建造的。

帝亚瓦纳科遗址是玻利维亚印第安古文化遗址，太阳门就是这个遗址中最著名的古迹。它用整块重约10吨的巨石雕成，宽3.84米，高2.73米。太阳门的正中门楣上刻有人身豹头浮雕，它的头上戴着扇状羽毛冠，双手执权杖，据说可能是雨神。每年夏至的那一天，太阳会准确地沿门洞中轴线冉冉升起。而且在每年的9月21日，黎明的第一缕曙光也总是准确无误地射入门中央。这些都反映了印第安人具有丰富的天文知识。但是，在印第安人建造太阳门的年代，这里还没有安装着车轮的运输工具。所以有人认为，在某一时期，帝亚瓦纳科成为了外星人在地球上建造的外星城市，太阳门就是外太空之门，它不是人类建造的。事实是不是这样，现在还是一个谜。

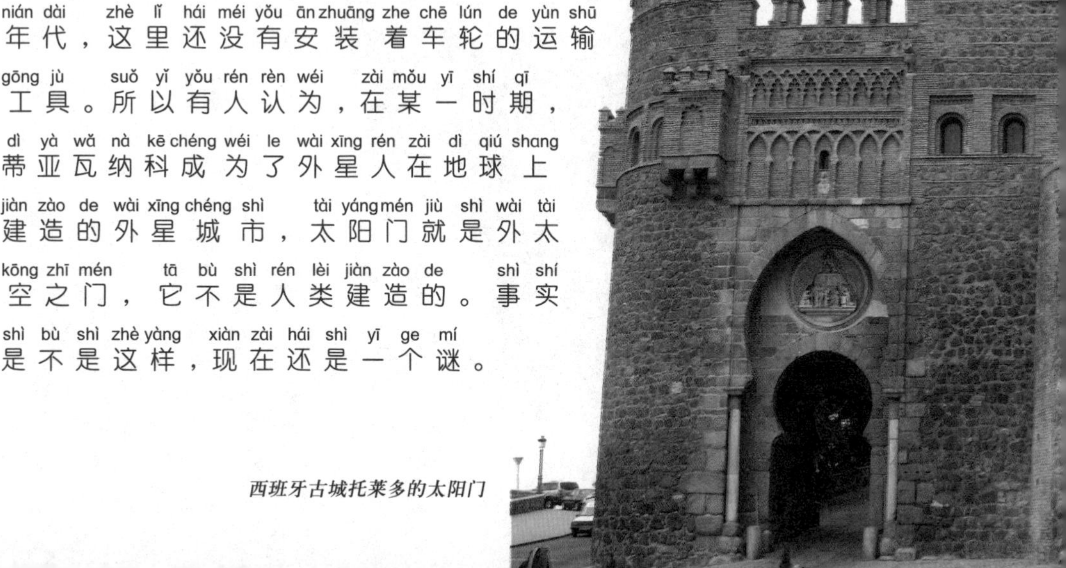

西班牙古城托莱多的太阳门

丛林石球之谜

1930年，美国联合果品公司有个森林砍伐队来到哥斯达黎加，打算在这里的热带丛林中建一个香蕉园。当他们走进森林后，惊奇地发现，在森林深处整齐地放着几十个一人多高的大石球，旁边还有些小石球。这些石球上刻着一些莫名其妙的图案。随后，许多国家的考古学家纷纷来到哥斯达黎加，经过考察研究，他们认为：森林中的巨型石球是人工凿成的，石球的材料是花岗岩。然而当地并没有这种石料。制造一个直径2.4米的石球，需要用一块重达20来吨的正方体石料。那么，这些石球的制造者是谁？他们是怎样找到那么大的石料，又是怎样运来的呢？当地有人认为，这些石球很可能是外星人遗留下来的。真相果真如此吗？答案无人知晓。

美国联合果品公司的森林砍伐队在寻找香蕉园时，发现了奇异的石球。

这些神秘的石球究竟是谁制造的，现在还无法得知。

第三章

UFO 寻踪

UFO XUN ZONG

gǔ jīn zhōng wài guān yú de jì zǎi yǒu hěn duō jīn
古今中外，关于UFO的记载有很多。今
tiān suí zhe háng tiān shì yè de fā zhǎn rén lèi tàn cè dào de yǔ zhòu
天，随着航天事业的发展，人类探测到的宇宙
kōng jiān yuè lái yuè yuǎn duì yǔ zhòu de rèn shi yě yuè lái yuè duō
空间越来越远，对宇宙的认识也越来越多。
dàn zài rén men xīn mù zhōng què réng shì yī ge mí duì yú
但UFO在人们心目中却仍是一个谜。对于
suǒ yǒu hé xiāng guān de wèn tí rén lèi zhèng zài jìn xíng yán sù
所有和UFO相关的问题，人类正在进行严肃
de sī kǎo hé jiān kǔ de tàn suǒ yuè dú běn zhāng nǐ jiāng cóng
的思考和艰苦的探索。阅读本章，你将从
xǔ duō jīng cǎi de kē huàn huà zhōng kuī shì dào zhè ge shén mì
许多精彩的科幻画中窥视到UFO这个神秘
guǐ yì de shì jiè
诡异的世界。

zhēn de yǒu fēi dié cún zài ma

真的有飞碟存在吗

出现在美国的金属状不明飞行物

你认为宇宙中会有飞碟存在吗？美国有一个叫阿诺德的人，他于1947年6月驾驶自己的飞机在华盛顿州的上空飞行时，发现了9个会发光的飞行圆盘。他就是世界上第一个声称看到飞碟的人。这件事发生以后，很多人都声称自己看见了飞碟。根据他们的描述，飞碟有可能是橘黄色、蓝色，甚至是黑色的，也有人说它会发出忽强忽弱的灯光。人们将这种没有固定形状和颜色的物体称为“不明飞行物”，即UFO。美国对这些UFO进行了调查，结果发现，大多数“不明飞行物”实际上是高空中的气球、流星，或者是云彩和雾。但是，现在人类还不能肯定宇宙中是不是真的没有外星人。所以，到底有没有飞碟存在，至今仍是一个谜。

关于UFO的目击报告有很多，但有些可能是错把飞碟状的云彩看成了UFO。

fēi dié de xíng zhuàng zhī mí

飞碟的形状之谜

fēi dié shì bù míng fēi xíng wù de yī zhǒng shì jiè gè dì de hěn duō rén dōu shēng chēng zì
飞碟是不明飞行物的一种，世界各地的很多人都声称自
jǐ jiàn dào guò fēi dié jù tǒng jì měi guó měi tiān dà yuē yào shōu dào fèn guān yú fēi dié
己见到过飞碟。据统计，美国每天大约要收到200份关于飞碟
de bào gào kě shì měi fèn bào gào de nèi róng
的报告，可是每份报告的内容
dōu bù jìn xiāng tóng guān yú fēi dié de xíng
都不尽相同，关于飞碟的形
zhuàng zhì shǎo yǒu duō zhǒng shuō fǎ gēn
状至少有20多种说法。根
jù nà xiē kàn jiàn guò fēi dié de rén shuō fēi
据那些看见过飞碟的人说，飞
dié xiàng liǎng ge dào kòu zài yī qǐ de pán
碟像两个倒扣在一起的盘
zi yuán gǔ gǔ de hái yǒu rén shuō fēi dié
子，圆鼓鼓的。还有人说飞碟
shì sān jiǎo xíng de tā léng jiǎo fēn míng zài
是三角形的，它棱角分明。在
rén men yǎn zhōng yǒu de fēi dié xiàng zú qiú
人们眼中，有的飞碟像足球，
yǒu de xiàng xuě jiā yǒu de xiàng miàn bāo quān
有的像雪茄，有的像面包圈，
yǒu de xiàng chá bēi hái yǒu de xiàng tuó luó
有的像茶杯，还有的像陀螺。
gèng wéi qí tè de shì fēi dié hái yǒu xiāng
更为奇特的是，飞碟还有香
cháng xíng cǎo mào xíng yǒu de hái kù sì
肠形、草帽形，有的还酷似
wǒ men rén lèi zhì zào de fēi jī de xíng zhuàng
我们人类制造的飞机的形状。
shèn zhì yǒu de fēi dié xiàng yī ge páng xiè
甚至有的飞碟像一个螃蟹！
yóu cǐ kě yǐ kàn chū fēi dié de xíng zhuàng
由此可以看出，飞碟的形状
sì hū bìng bù gù dìng jiū jìng fēi dié yǒu
似乎并不固定。究竟飞碟有
nǎ xiē xíng zhuàng dào xiàn zài yě méi yǒu zhǔn
哪些形状，到现在也没有准
què de jiě shì
确的解释。

图中的飞碟像两个倒扣在一起的盘子。

有的飞碟的形状就像图中的鸡蛋。

飞碟的来历之谜

如果宇宙中真的有飞碟存在，那么它们来自何方呢？有关飞碟的来源有许多假说，但是现在并没有定论。有一种说法认为，飞碟可能是地球上某一国家开发的秘密武器。也有一种假说认为，在广阔的宇宙中，与地球有同样环境的星球必定不止一个，其他星球上也许就生存着科学技术高度发达的生物，这些外星人时常乘坐飞碟在宇宙空间飞行，地球就是他们“旅行”的目的地之一。这种说法得到了大多数人的认可。还有一种说法认为，地球的中心是空的，而具有高度文明的生物就居住在里面，飞碟是他们乘坐的飞行器。甚至还有人认为，飞碟是生存在空中或海底的另一类生物。总而言之，飞碟的来历至今也没有令人完全信服的解释。

科幻画：飞碟光临地球时的情景

很多人见到飞碟钻入水中，难道水底就是它们的基地吗？

飞碟飞行之谜

强大的气流会使飞碟腾空而起。

在一个晴朗的中午，一位飞碟专家发现，有一个银灰色的飞碟在约3000米高的空中沿着一条曲线飞行，尽管它的速度大约是喷气式飞机的4倍，但丝毫听不到声音。它在完成了几个空中“特技”后，就停在半空中，一动不动地待了约10分钟。突然，它来了个慢转弯，然后朝这位专家的方向俯冲下来，飞行高度降至30米，最后只降到离地1米高——它下降时的姿态就像一片落叶轻飘飘地落到了地面上一样。后来，它同这位专家“亲近”了一下后，便猛然升到树顶，然后又以难以想象的速度疾驰而别，转眼即逝。这位飞碟专家说：“在我一生中还从未见过这样的怪物。”为什么飞碟会有如此优良又古怪的飞行性能呢？迄今为止，还没有人能解开这个谜。

影视作品中正在高速运行的飞碟

fēi dié de gōng néng zhī mí

飞碟的功能之谜

科学家从大量的目击事件中推测，飞碟有着人类目前无法企及的卓越功能，它就像人类研发的太空探测器一样，是外星人发射到地球上的探测仪器。20世纪60年代在美国和智利发生的两起飞碟着陆案中，目击者就发现有不明生物在采集地球上的草木和矿石样品。而一些飞碟遇害者，往往就成为了人体实验对象。有的科学家认为，飞碟有可能是外星人用来进行星际移民的工具。一位曾被外星人劫持的英国女性就对周围的人说过，外星人告诉她：他们乘坐飞碟来地球的目的就是为了寻找另外一个新家。还有人认为，就像汽车和飞机是人类的交通工具一样，飞碟也是某些高等生物在宇宙间进行星际往来的交通工具。究竟飞碟有哪些功能，现在还没有人能够弄明白。

飞碟常常跟踪地球上的海军舰队。

在沙漠地区常常出现飞碟。

fēi dié de zhǒng lèi zhī mí

飞碟的种类之谜

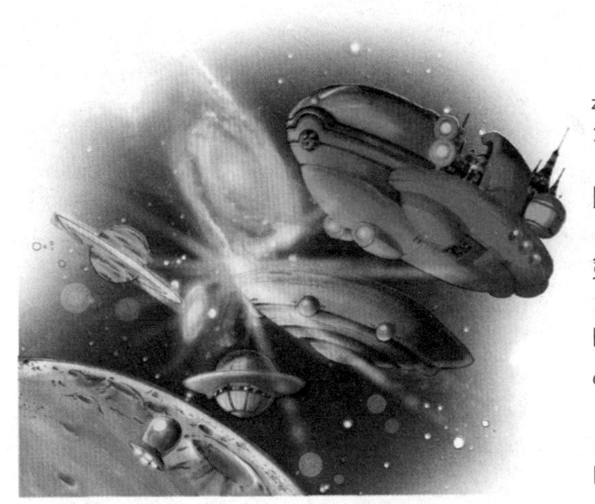

如果将飞碟按照大小来分类，它们可以被分为四类。

如果飞碟是外星人所乘坐的飞行器，那么我们就可以将飞碟按照大小来分类：第一种是直径为30厘米左右的超小型无人探测机，它通常是球型。比它稍微大一些的小型侦察机，直径在1～5米左右，有人就曾经目击过如此大小的飞碟在地球上着陆。除此之外，还有直径在7～10米以上的标准型联络船，它们的形状以圆盘型较多。最大的飞碟就是大型母船，它的直径由几百米到几千米，形状大多为圆筒型和圆盘型。但是，如果我们按照飞碟的外形来给它分类，飞碟就可以被分为鸡蛋型、碟子型、圆圈型、雪茄型、陀螺型、椭圆型和铁饼型等等，种类非常之多。所以，飞碟究竟有多少种，现在还没有一个准确的数目。

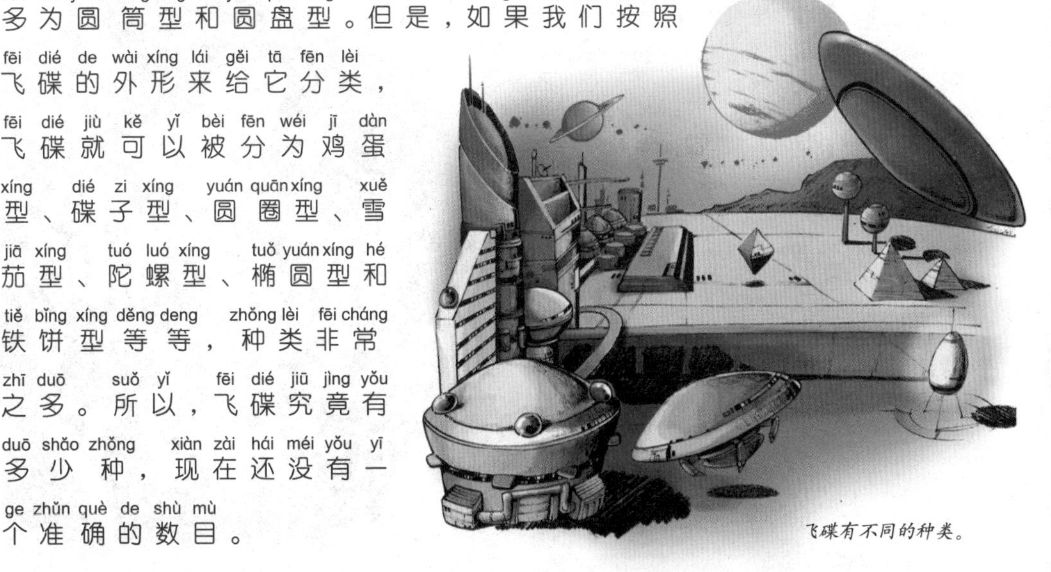

飞碟有不同的种类。

“第51号基地”之谜

神秘的波多黎各岛

波多黎各是个面积不大的小岛，岛上有许多美军基地。在波多黎各的西南面有一片沼泽区，从1988年开始，这里便常有飞碟出现。1992年，当地的一位居民在沼泽区附近采集植物时，不小心掉进了一个窟窿里，他只好摸索着往前走。走着走着，他突然看见了一个规模庞大的军事基地，而且还有最新的电脑控制系统。后来，他凭着记忆画出了这个神秘的地下基地。有人认为这是美国与外星人共同建造的基地，即“第51号基地”（美国本土有50个州，因此称这个美国和外星人合作的基地为第51号）。它的功能之一，便是进行UFO实验。人们常常猜测，“第51号基地”是否真的就在波多黎各？或者是它根本就不存在？这些谜一直吸引着飞碟研究者去不断探索。

“第51号基地”是否真的就在波多黎各？这个问题至今仍是一个未解之谜。

地心是否有飞碟基地

一位海军少将无意中驾驶飞机进入了地心飞碟基地。

美国的一位海军少将曾公开了他驾驶飞机探访地心飞碟基地的神奇经历。这位少将在日记中说，他曾于1947年率领一支探险队，从北极进入地球内部，在那里他发现了一个庞大的飞碟基地，而且那里还有城市存在，并居住着具有极高智慧的“超人”。他在日记中写道，这个基地中有绿意盎然的山谷，整座城市似乎用水晶修筑而成，散发出彩虹般的光彩。居住在这里的“超人”告诉他，这个地下世界名为“阿里亚尼”，如果将来地面上的世界毁灭了，他们会协助地上世界的人类重建家园。访问结束后，少将沿原路返回，平安地回到了地面。虽然这个故事听起来有点像天方夜谭，但地心深处是不是真的有飞碟基地，现在还是一个未解之谜。

地心深处真的有如此壮观的飞碟基地吗？

fēi dié wèi shén me bù yuàn yǔ rén lèi jiē chù

飞碟为什么不愿与人类接触

bù shǎo rén tí chū jì rán fēi dié kě néng lái zì wài
不少人提出，既然飞碟可能来自外
xīng qiú nà tā men wèi shén me bù yǔ rén lèi jiē chù ne
星球，那它们为什么不与人类接触呢？
zhuān jiā men tí chū le duō zhǒng jiǎ shuō bǐ rú dì qiú rén
专家们提出了多种假说。比如：地球人
bǎ fēi dié de dào fǎng shì wéi rù qīn wǎng wǎng yǐ xí jī hé
把飞碟的到访视为入侵，往往以袭击和
jìn gōng lái duì dài tā men fēi dié shang de gāo děng shēng wù kě
进攻来对待他们；飞碟上的高等生物可
néng zǎo yǐ mō qīng dì qiú rén de qíng kuàng jué de méi yǒu bì
能早已摸清地球人的情况，觉得没有必
yào jiē chù fēi dié shang de chéng yuán zài chū fā qián kě néng
要接触；飞碟上的乘员在出发前可能
dé dào le xùn lìng dāng fā xiàn dì qiú rén shí bù zhǔn suí
得到了训令：当发现地球人时，不准随
yì jiē chù yào bǎo chí xiǎo xīn shǒu xiān yào nòng qīng duì fāng
意接触，要保持小心，首先要弄清对方
de yì tú zài jìn xíng shì tàn děng deng ér yī xiē jiān chí
的意图，再进行试探等等。而一些坚持
dì qiú shì ge kōng xīn qiú tǐ de xué zhě rèn wéi wǒ men suǒ kàn dào de fēi dié lái zì dì
“地球是个空心球体”的学者认为，我们所看到的飞碟来自地
qiú nèi bù huò hǎi dǐ bìng fēi lái zì tiān wài dì nèi rén qiān fāng bǎi jì de bì miǎn yǔ
球内部或海底，并非来自天外。“地内人”千方百计地避免与
rén lèi jiē chù shì wèi le
人类接触，是为了
bù ràng dì xià jiā yuán zāo
不让地下家园遭
dào qīn hài fēi dié jiū
到侵害。飞碟究
jìng shì chū yú shén me yuán
竟是出于什么原
yīn bù yuàn yì yǔ wǒ men
因不愿意与我们
rén lèi jiē chù zhè ge mí
人类接触，这个谜
zhì jīn hái méi yǒu jiě kāi
至今还没有解开。

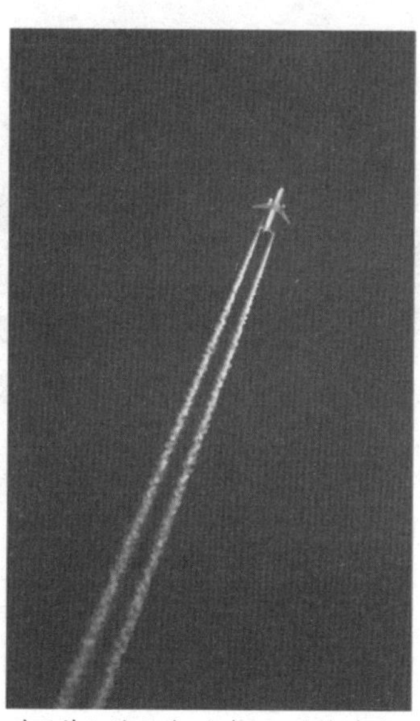

对于神秘的飞碟，地球人一直在追踪。

飞碟常常对人类“敬而远之”。

飞碟的"中转站"之谜

外星人把土卫六作为了自己的"中转站"。

如果飞碟在宇宙中有"中转站"的话，那么土卫六就是大多数天文学家所公认的飞碟"中转站"。一些科学家指出，外星人认为土卫六是一个"可以把我们太阳系视为一个整体来研究的理想之地"。为什么外星人会选择土卫六呢？美国的一些科学家认为，土卫六是外星人特别感兴趣的地方，因为在那里具有大量可供外星人进行太空飞行的燃料。这些燃料中包括了氢、氦等物质，能够保证飞碟进行长时间、高速度的飞行。还有的研究者认为，由于土卫六是太阳系中的第二大卫星，体积比水星和冥王星都大，而且它的大气中还含有有机物，正是这些良好的自然条件使外星人把它作为了"中转站"。但是，这个问题的真正答案究竟是什么，现在还不得而知。

由于土卫六类似地球，科学家们推测它是飞碟在宇宙空间中的"中转站"。

百慕大是飞碟的海洋基地吗

1973年4月的一天下午，百慕大三角附近的海域风平浪静。当一艘指挥船行驶到这个区域时，一个形状好像雪茄似的怪物悄悄浮出水面，它长约40～60米，行驶的速度非常之快。船长不知道该怎样应对，只好下令水手小心翼翼地躲开这个怪物。让人意想不到的是，这个神秘的物体却主动消失了。不过，并不是所有的人都能从险境中逃生。近百年来，发生在百慕大三角地区的飞机失踪、轮船下沉事件频繁出现，人们把这里称为“死亡漩涡区”。但是，一直没有人能够解释这些恐怖事件发生的原因。有的科学家推测，在这个神秘的海域里，一定隐匿着外来文明，也许百慕大就是飞碟的海洋基地！这种说法是否成立，还有待于人类的继续探索。

百慕大到底是不是飞碟的海洋基地，现在还不得而知。

神秘莫测的百慕大三角海域

飞碟跟踪飞机之谜

1957年7月的一个清晨，美国的一架军用飞机从空军基地起飞，驶向高空。就在这个时候，坐在驾驶位置上的蔡斯上校突然看见了一道光，起初他还以为那是另一架高速行驶的喷气式飞机的着陆灯。于是，上校提醒机组人员注意前方的光线。当那股淡蓝色的灯光继续前进时，上校通过电话向机组人员发出警报，命令他们做好避免碰撞的一切准备。就在他们准备调整行驶位置、避开蓝光的时候，一件怪事发生了：那个放光体突然改变了方向，从飞机的左边一下子“跳到”了右边！速度之快令所有的人都惊诧不已。在精密仪器的注视下，这个发光体仍然在飞机周围逗留了几分钟，然后才消失。这个神秘的物体究竟是什么？它是飞碟吗？谁也回答不了这个问题。

这个发光体就是飞碟吗？谁也不知道真正的答案。

神秘的蓝光出现在了飞机的前方。

UFO为飞机导航之谜

1986年12月的一个黄昏，日本航空公司的一架波音747货机由巴黎飞往东京。在经过美国阿拉斯加上空时，机长突然发现飞机下方有一个不明飞行物，它闪烁着两束灯光，和波音747一起飞行，看上去仿佛在为它导航一般。于是，地面指挥塔命令一架美国飞机向波音747逆向飞去，协助侦察这个不明飞行物的情况。然而，就在美、日两架飞机交错而过的一刹那间，不明飞行物立即失去了踪影。半小时后它再度出现，由于这时地面的灯光很亮，机组人员终于看清了它。原来，它竟然是一个比航空母舰大2倍的巨型球状飞行物！这个UFO为什么会和地球飞机一起飞行呢？是为了好玩，还是为了显示他们高超的飞行技能呢？到现在为止，没有人能回答这个问题。

飞碟为什么会和地球飞机一起飞行呢？

现代化的机场里停泊着大量的民航客机。

bā pǔ dǎo shang de fēi dié shì jiàn

巴普岛上的飞碟事件

停留在空中的巨大飞碟

nián yuè de yī tiān bàng wǎn zài xīn
1957年6月的一天傍晚，在新
jǐ nèi yà bā pǔ dì qū yī wèi dāng dì de shén
几内亚巴普地区，一位当地的神
fù kàn dào le sān jià yuán pán xíng de fēi dié qí
父看到了三架圆盘形的飞碟。其
zhōng zuì dà de yī jià tíng liú zài gāo dù wéi
中最大的一架停留在高度为150
mǐ de kōng zhōng suǒ yǐ dì shang de rén kě yǐ qīng
米的空中，所以地上的人可以清
chu de kàn jiàn tā zhè ge fēi dié hǎo xiàng shì jīn
楚地看见它。这个飞碟好像是金
shǔ zhì chéng de shǎn shuò zhe dàn huáng sè de guāng
属制成的，闪烁着淡黄色的光。
zài fēi dié dǐ zuò de shàng bàn bù yǒu yī ge hěn
在飞碟底座的上半部，有一个很
dà de jiǎ bǎn cóng jī shēn de zhǔ tǐ bù wèi shēn chū xiàng zhuó lù jià yī yàng de dōng xi gèng
大的甲板，从机身的主体部位伸出像着陆架一样的东西。更
lìng rén jīng yì de shì jiǎ bǎn shang yǒu sì ge rén yǐng tā men hǎo xiàng zài gōng zuò yī bān bù
令人惊异的是，甲板上有四个人影，他们好像在工作一般，不
tíng de jìn jìn chū chū shén fù shì zhe xiàng tā men zhāo shǒu zhè sì ge rén jū rán yě zuò chū
停地进进出出。神父试着向他们招手，这四个人居然也做出
le zhāo shǒu de dòng zuò biǎo shì huí yìng měi guó kōng jūn zài
了招手的动作表示回应！美国空军在
diào chá le zhè cì shì jiàn zhī hòu rèn wéi shén
调查了这次事件之后，认为神
fù kàn dào de zhǐ shì mù xīng tǔ xīng hé
父看到的只是木星、土星和
huǒ xīng yóu yú guāng xiàn de zhé shè
火星。由于光线的折射，
zhè sān kē xīng xing kàn qǐ lái jiù hǎo xiàng
这三颗星星看起来就好像
zài zì yóu yí dòng rú guǒ shì shí guǒ
在自由移动。如果事实果
zhēn rú cǐ nà fēi dié shang de rén yǐng
真如此，那飞碟上的人影
yòu rú hé jiě shì ne zhè ge mí yī
又如何解释呢？这个谜一
zhí méi yǒu rén néng gòu jiě kāi
直没有人能够解开。

飞碟上的人影居然会对人类的动作表示回应！

飞碟爆炸原因之谜

1981年，一名苏联宇航员乘坐宇宙飞船在太空飞行时，突然发现了一个不明飞行物。正当他准备用摄像机把它拍摄下来的时候，只听见“砰”的一声，飞碟突然发生了爆炸，分裂成中间相连的两块，就像一个杠铃，最后只剩下了一团烟雾。后来，地面上的飞行指挥中心说，当天在太空中确实发生了一些怪事：就在不明飞行物爆炸的同时，专家们记录到宇宙中辐射的强度突然大大增加。但是，飞碟为什么会爆炸呢？有人认为，飞碟可能是被什么不明物体击中了才爆炸的；也有人指出，爆炸的也许只是飞碟内部的某种气体，飞碟就是借着这种气体爆炸时产生的巨大能量飞走了。真相究竟如何，没有人能够作出解释。

飞碟真的爆炸了吗？是什么原因造成了它的爆炸呢？

“水星号”载人飞船

UFO 的基地在哪里

UFO的基地到底在哪里？这个问题一直吸引着人类去进行探索。1987年11月，苏联的一支考察队在戈壁沙漠中发现了一个UFO，里面还有外星人的尸体。所以有人认为，沙漠是UFO的基地。但是在百慕大三角区的水下，也有人发现了不少人工建筑和两座巨大的金字塔，按照地球人现在的科学技术水平，不可能修建起如此庞大的建筑。所以，一些飞碟专家认为：海洋是UFO的基地，而百慕大三角就是基地的总部。在太阳系中，火星和金星的表面都有一些不可思议的建筑和金字塔，木星还在不断地发射至今也难以破译的无线电脉冲信号，所以有人认为它们也可能是UFO的基地。虽然关于这个问题有多种说法，但也许在不久的将来，这个谜终究会被解开。

沙漠被有些人看作是 UFO 的基地。

有人认为，大海也可能是 UFO 的基地。

UFO造访人类之谜

挪威曾发生过一起UFO造访人类的事件。一天黄昏时分，游客们在游乐场里看到了一架发出彩色光芒的碟形飞行物，就把它当成了游乐场里新开的一个项目。在碟形物体的入口处，有一个金色头发、蓝眼睛、穿着银色紧身衣的孩子站在舱口。人们把自己的入场券递给了这个孩子之后，就在他的指点下进入舱内。当所有的人都走进来之后，大门突然关上了，紧接着飞碟就起飞了。这时人们才意识到自己登上了一架UFO！这次飞行大约持续了一分钟，最后它降落到了一片草地上，所有的人都安全地返回了地面，随后飞碟就消失得无影无踪了。这件事非常离奇，它证明外星人对人类并没有恶意。但是，UFO为什么会造访人类？他们的目的是什么？没有人能够说清楚。

这个散发着美丽光芒的碟形飞行物真的是UFO吗？

人们把这个不明飞行物当成了游乐场里的新游戏，稀里糊涂地飞到了空中。

liú xià de shén mì hén jì zhī mí
UFO留下的神秘痕迹之谜

shì jiè shang yǒu hěn duō liú xià de shén mì hén jì tā men tōng cháng dōu shì yuán xíng
世界上有很多UFO留下的神秘痕迹，它们通常都是圆形
de kàn shàng qù hěn xiàng yī ge jù dà de tiě bǐng ér qiě yuán quān nèi de tǔ dì dōu shòu
的，看上去很像一个巨大的铁饼。而且，圆圈内的土地都受
dào guò zhòng yā sū lián de kē xué jiā men zài yī piàn gǔ lǎo ér huāng pì de shān qū jiù fā
到过重压。苏联的科学家们在一片古老而荒僻的山区，就发
xiàn le yī chù cháng dá mǐ de yuán xíng hén jì kē xué jiā men lì kè yòng yí qì jìn xíng tàn
现了一处长达8米的圆形痕迹。科学家们立刻用仪器进行探
cè jié guǒ fā xiàn yuán quān nèi yǒu yī ge hěn qiáng de cí chǎng bìng qiě hái hán yǒu yī zhǒng duì
测，结果发现圆圈内有一个很强的磁场，并且还含有一种对
rén tǐ yǒu hài de fàng shè xìng néng liàng zài quān
人体有害的放射性能量。在圈
nèi jìn xíng de shí yàn jié guǒ gèng shì lìng rén zhèn
内进行的实验结果更是令人震
jīng zài yuán quān nèi bù shí jiān liú shì de fēi
惊：在圆圈内部，时间流逝得非
cháng huǎn màn ér yuán quān wài bù zé míng xiǎn jiā
常缓慢；而圆圈外部则明显加
kuài zài lí kāi hén jì mǐ yǐ wài de dì
快，在离开痕迹20米以外的地
fang shí jiān wán quán zhèng cháng hòu lái rén
方，时间完全正常。后来，人
men yòu fā xiàn le ge zhè yàng de yuán quān duì tā men de cè shì jié guǒ dōu hé zhè ge yī yàng
们又发现了9个这样的圆圈，对它们的测试结果都和这个一样。

据说，UFO留下的神秘痕迹通常都是圆形的。

kē xué jiā men rèn wéi zhǐ yǒu cái huì liú xià rú cǐ qí
科学家们认为，只有UFO才会留下如此奇
tè de hén jì dàn zhè zhǒng shuō fǎ mù
特的痕迹，但这种说法目
qián hái wú fǎ dé dào zhèng
前还无法得到证
shí zhè xiē hén jì
实。这些痕迹
jiū jìng shì shén me
究竟是什么，
dào xiàn zài hái shì
到现在还是
yī ge mí
一个谜。

科学家们正在对UFO留下的一个痕迹进行探测。

UFO“访问”军事重地之谜

在美国的一个军事基地里，部署了大量的核导弹。平时，这里是不许任何人光顾的。但是，就在1988年10月的一天，一个体积巨大的UFO却闯进了这座戒备森严的导弹基地。当UFO在基地上空盘旋的时候，一位巡警发现了它。据他说，这个UFO起码有12个美式足球场那么大，它被一个蓝色的光环围绕着，而且在它的边缘还有发出光亮的红灯。一两分钟之后，这个UFO就像炮弹似的飞走了。当UFO经过基地附近的农场时，农场里的牛群和狗先是叫个不停，然后又突然安静下来，让农场主百思不得其解。UFO在性能、速度上都比地球上的飞行器要先进得多，为什么它们还要接近地球人的军事基地呢？这一事件的真相究竟是什么，至今也没有答案。

当UFO经过基地附近的农场时，农场里的牛群和狗显得躁动不安。

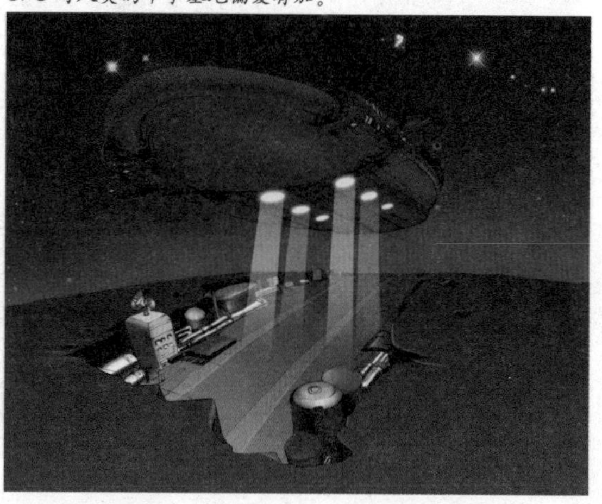

UFO对人类的军事基地偏爱有加。

zhuì huǐ zhī mí
UFO 坠毁之谜

zài měi guó de kěn tǎ jī zhōu yī wèi
在美国的肯塔基州，一位
liè rén zài shān lín li bǔ zhuō yě tù de shí hou
猎人在山林里捕捉野兔的时候，
tū rán fā xiàn qián miàn de kòng dì shang yǒu yī dà
突然发现前面的空地上有一大
duī shāo jiāo de cán hái qǐ chū tā hái yǐ wéi
堆烧焦的残骸。起初他还以为
nà shì yī jià bù xìng zhuì huǐ de fēi jī děng
那是一架不幸坠毁的飞机。等
tā zǒu jìn zhī hòu cái fā xiàn nà shì yī jià
他走近之后，才发现那是一架
yuán xíng fēi xíng wù zài tā de fù jìn hái tǎng
圆形飞行物。在它的附近还躺
zhe jù shāo jiāo le de shī tǐ zhè wèi liè rén
着4具烧焦了的尸体。这位猎人
hòu lái shuō nà xiē shī tǐ zhǎng zhe tuǒ yuán xíng de tóu tóu shang hái yǒu tiān xiàn yī bān de chù
后来说，那些尸体长着椭圆形的头，头上还有天线一般的触
jiǎo tā men de shēn tǐ yòu yuán yòu pàng liǎn shang hái zhǎng zhe sān zhī yǎn liè rén fā xiàn
角。他们的身体又圆又胖，脸上还长着三只眼。猎人发现
tā men yǐ hòu lì jí pǎo qù zhǎo rén kě dāng tā huí lái de shí hou què fā xiàn fēi xíng qì hé
他们以后，立即跑去找人，可当他回来的时候却发现飞行器和
shī tǐ dōu bù jiàn le hòu lái zhè wèi liè rén cái zhī dào jiù zài tā fā xiàn nà jià fēi xíng
尸体都不见了。后来这位猎人才知道，就在他发现那架飞行
wù de qián yī tiān yǒu rén kàn jiàn yī ge shén mì
物的前一天，有人看见一个神秘
de guāng tuán zài kōng zhōng bù duàn de
的光团在空中不断地
yí dòng zuì hòu tū rán bào zhà bìng
移动，最后突然爆炸并
zhuì xiàng le dì miàn zī liào xiǎn
坠向了地面。资料显
shì quán shì jiè fā shēng le duō qǐ
示，全世界发生了多起
zhuì huǐ shì jiàn ér tā men wèi
UFO坠毁事件，而它们为
shén me huì zhuì huǐ zhì jīn yě méi
什么会坠毁，至今也没
yǒu rén néng gòu jǐ yǔ jiě shì
有人能够给予解释。

一个UFO在空中突然爆炸。

UFO的残骸和它旁边的外星人尸体

“仙发”是UFO留下的吗

怀特就是在像这样一片美丽的田野里发现了“仙发”。

1741年9月的一个黎明，英国作家怀特在田间散步时，发现青草上有一层薄薄的“蜘蛛网”。后来他才注意到，有许多“蛛丝”连续不断地从高处落下。它们连结成片，宽约一厘米，长五六厘米，落得非常快。经过仔细观察，人们发现这些丝絮并不是蜘蛛吐出来的，而是来源于空中。于是，人们就把它们叫作“仙发”。据说，“仙发”的外形很像蛛丝、蚕丝或棉絮，一般呈白色，闪闪发光，十分柔软，但所有的记载都指出，只要人把它拿在手里，它很快就会融化消失。有些人认为，“仙发”是UFO留下的。这种说法一经提出就引起了强烈的反应，由于“仙发”总是在发现后很快就融化，无法保留，因此也就很难对它们进行科学检测。可以说，“仙发”究竟是不是UFO留下的，到现在还是一个谜。

“仙发”究竟是不是UFO留下的，到现在还是一个谜。

集体失踪是UFO造成的吗

一群生活在寒冷地区的爱斯基摩人神秘失踪了，从此再无消息。

1915年，土耳其发生了一桩奇怪的集体失踪案。在一个夏日，某个团的美国士兵攀上了一个山岗，走进了山巅的云雾中，但人们从此再也没有看到他们走出来。人们寻找了很久，却一直毫无结果。同样的事在加拿大也发生过。

1930年春季的一个夜晚，居住在加拿大北部一个小村庄里的100多名爱斯基摩人也突然失踪了。更奇怪的是，不仅人不见了，人们将爱斯基摩人的墓地掘开一看，惊异地发现里面的尸骨也不翼而飞，但他们的生活用品却完整无损。对于这些让人百思不得其解的怪现象，有人认为是UFO掳获了地球上的人。但是到目前为止，人们并没有找到确切的证据来证明。要解开这个谜，还需要人类的不断探索。

这群士兵在爬上山后就神秘消失了。

图书在版编目（CIP）数据

世界尚未解开的1001个宇宙之谜 / 龚勋主编. —汕头：汕头大学出版社，2012.1（2021.6重印）
ISBN 978-7-5658-0443-4

Ⅰ.①世… Ⅱ.①龚… Ⅲ.①宇宙—少儿读物 Ⅳ.①P159-49

中国版本图书馆CIP数据核字（2012）第003526号

世界尚未解开的1001个宇宙之谜

SHIJIE SHANGWEI JIEKAI DE 1001 GE YUZHOU ZHIMI

总策划	邢 涛	印 刷	唐山楠萍印务有限公司
主 编	龚 勋	开 本	705mm×960mm 1/16
责任编辑	胡开祥	印 张	10
责任技编	黄东生	字 数	150千字
出版发行	汕头大学出版社 广东省汕头市大学路243号 汕头大学校园内	版 次	2012年1月第1版
		印 次	2021年6月第8次印刷
		定 价	37.00元
邮政编码	515063	书 号	ISBN 978-7-5658-0443-4
电 话	0754-82904613		